中等职业教育国家规划教材

全国中等职业教育教材审定委员会审定

用电管理

供用电技术专业

主　　编　姜侦报

责任主审　黄　伟

审　　稿　宗　伟　周渝慧

中国电力出版社

CHINA ELECTRIC POWER PRESS

内 容 提 要

　　本书主要根据我国当前电力行业的发展特点，针对一些具体问题，对电力市场营销、用电检查和防窃电措施、需求侧管理及典型企业的用电特点和节电措施等作了较详尽的介绍。其中，对供电质量的主要技术指标、电力负荷的计算及调整、企业的无功补偿等也作了较详细的说明。

　　本书为供用电技术专业、农村供用电专门化专业、工矿企业供用电专门化专业、城镇供用电专门化专业的用电管理课程教材，也可作为供用电专业人员业务培训的教材，亦可供有关技术人员参考。

图书在版编目（CIP）数据

　　用电管理/姜侦报主编. —北京：中国电力出版社，2002.1（2022.6 重印）

　　中等职业教育国家规划教材

　　ISBN 978－7－5083－0758－9

　　Ⅰ.用⋯　Ⅱ.姜⋯　Ⅲ.用电管理-专业学校-教材
Ⅳ.TM92

　　中国版本图书馆 CIP 数据核字（2001）第 066544 号

中国电力出版社出版、发行

（北京市东城区北京站西街 19 号　100005　http://www.cepp.sgcc.com.cn）

北京雁林吉兆印刷有限公司印刷

各地新华书店经售

*

2002 年 1 月第一版　　2022 年 6 月北京第十九次印刷

787 毫米×1092 毫米　16 开本　11.75 印张　263 千字

定价 **23.00** 元

电力中等职业教育国家规划教材

编 委 会

主 任	张成杰
副主任	杨昌元　宗　健　朱良镭
秘书长	尚锦山　马家斌

委 员　丁　雁　　王玉清　　王宝贵　　李志丽　　杨卫民

　　　　　杨元峰　　何定焕　　宋文复　　林　东　　欧晓东

　　　　　胡亚东　　柏吉宽　　侯林军　　袁建文　　涂建华

　　　　　梁宏蕴

中等职业教育国家规划教材

出版说明

为了贯彻《中共中央国务院关于深化教育改革全面推进素质教育的决定》精神，落实《面向 21 世纪教育振兴行动计划》中提出的职业教育课程改革和教材建设规划，根据教育部关于《中等职业教育国家规划教材申报、立项及管理意见》（教职成〔2001〕1 号）的精神，我们组织力量对实现中等职业教育培养目标和保证基本教学规格起保障作用的德育课程、文化基础课程、专业技术基础课程和80 个重点建设专业主干课程的教材进行了规划和编写，从 2001 年秋季开学起，国家规划教材将陆续提供给各类中等职业学校选用。

国家规划教材是根据教育部最新颁布的德育课程、文化基础课程、专业技术基础课程和 80 个重点建设专业主干课程的教学大纲（课程教学基本要求）编写，并经全国中等职业教育教材审定委员会审定。新教材全面贯彻素质教育思想，从社会发展对高素质劳动者和中初级专门人才需要的实际出发，注重对学生的创新精神和实践能力的培养。新教材在理论体系、组织结构和阐述方法等方面均作了一些新的尝试。新教材实行一纲多本，努力为教材选用提供比较和选择，满足不同学制、不同专业和不同办学条件的教学需要。

希望各地、各部门积极推广和选用国家规划教材，并在使用过程中，注意总结经验，及时提出修改意见和建议，使之不断完善和提高。

教育部职业教育与成人教育司

二〇〇一年十月

前　言

　　《用电管理》是中等职业教育电力类重点建设主干专业之一供用电技术专业的一门主干专业课程，是以教育部中等职业学校重点建设主干专业供用电技术专业的教学计划和主干专业课程教学大纲为依据而编写的。是教育部"面向 21 世纪职业教育课程改革和教材建设规划"项目组成部分之一。

　　本书按照教育部"面向 21 世纪职业教育课程改革和教材建设规划"的基本原则和基本思路，力求贯彻以能力为本位，突出素质教育，内容全面，重点突出。本书主要介绍了供电质量、电力负荷、需求侧管理、企业无功补偿、企业节电降损、电力市场营销、用电检查、典型行业的用电特点及节电降损，供用电监督管理、供用电合同及电力市场开拓等内容。书中融知识性、实用性、政策性和通俗性为一体。紧扣有关标准、规范，对与供用电关系密切的各类问题做了较全面的介绍，对指导供用电工作按照市场经济的要求和规律运作有一定参考价值。本书既可作为供用电技术专业、农村供用电专门化专业、工矿企业供用电专门化专业、城镇供用电专门化专业的用电管理课程教材，也可作为供用电专业人员业务培训的教材，亦可供有关技术人员参考。

　　全书共分九单元，其中，第一、二、三、四、五单元由江西省电力学校姜侦报同志编写；第六、七、九单元由上海电力工业学校潘飒同志编写；第八单元及附录由江西省电力教育中心方益秋同志编写。姜侦报同志任主编；由武汉电力学校李珞新同志审稿。

　　由于水平有限，时间仓促，书中缺点错误之处敬请广大读者批评指正。

编　者

2001 年 8 月

目　　录

供 电 质 量

内容提要

本单元主要介绍了供电可靠性、供电频率质量、电压允许偏差、电压允许波动和闪变、三相电压允许不平衡度以及电力谐波的概念、国家标准、超标的危害及防治措施等。另外，还强调了供电质量和电能质量是两个完全不同的概念。

供电质量指电能质量与供电可靠性。电能质量包括电压、频率和波形的质量。电能质量的主要指标包括电压偏差、电压波动和闪变、频率偏差、谐波（电压谐波畸变率和谐波电流含有率）和电压不对称度。电能质量的指标体系如图 1-1 所示。供电可靠性是以供电企业对用户停电的时间及次数来衡量的，因此，供电质量和电能质量是两个不同的概念，不能混为一谈。

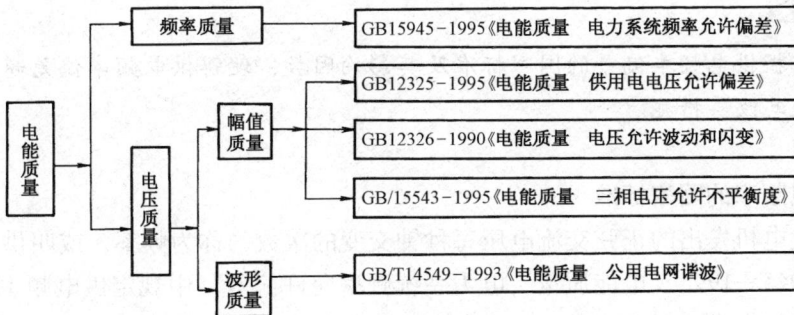

图 1-1　电能质量指标体系

课题一　供 电 可 靠 性

教学要求

理解供电可靠性的概念、掌握供电可靠性的计算方法及其国家标准。

供电可靠性是指供电企业每年对用户停电的时间和次数。供电企业应不断改善供电可靠性，减少设备检修次数和由于电力系统事故引起的用户停电次数及每次停电持续的时间。供用电设备计划检修应做到统一安排。供电设备计划检修时，对 35kV 及以上电压供电用户的停电次数，每年不应超过 1 次，对 10kV 供电的用户，每年不应超过 3 次。

电网供电可靠性用年平均供电可用率指标进行量化，即

$$R = (1 - \sum n_1 t_1 / 8760N) \times 100\% \qquad (1-1)$$

式中　R——年平均供电可用率，%；

　　　N——统计用户总数；

　　　n_1——一年每次停电影响用户数；

　　　t_1——一年每次停电持续时间，h。

其中，影响 n_1 及 t_1 的因素有：

（1）线路太长，所带负荷户数太多，使 n_1 增大。

（2）及时抢修故障及恢复供电运行工作水平，可直接减少 t_1 值。

（3）统一检修安排和带电作业等，可以减少 n_1 和 t_1 值。

（4）供电设备故障率及检修周期要求等。

国家规定供电可靠性不低于 95%。

课题二　供电频率质量

教学要求

　　掌握供电频率偏差的国家标准及其影响因数，理解供电频率偏差超差的危害及其改善措施。

一、供电频率的国家标准

电网中发电机发出的正弦交流电压每秒钟交变的次数，称为频率，或叫供电频率。国家标准 GB15945—1995《电能质量　电力系统频率允许偏差》中规定供电频率为 50Hz。

在电力系统正常状况下，供电频率的允许偏差分为三种情况：

1）电网装机容量在 300 万 kW 及以上的，为 ±0.2Hz；

2）电网装机容量在 300 万 kW 以下的，为 ±0.5Hz；

3）用户冲击负荷引起系统频率变动一般不得超过 ±0.2Hz。

在电力系统非正常状况下，供电频率允许偏差不应超过 ±1.0Hz。

二、影响供电频率偏差的因素

影响供电频率偏差的因素大致有：

1）电网的装机容量与调峰能力；

2）电网实行计划用电情况和超用电幅度的大小；

3）调整负荷措施的实施情况；

4）冲击性负荷的影响。

总之，有功电能的余、缺是直接影响供电频率偏差的根本因素。

三、供电频率偏差超差的危害

1. 低频运行的危害

（1）损坏设备。最易使汽轮机叶片发生共振而断裂，同时也会使电动机、电磁开关等用电设备烧毁。

（2）降低电厂出力。频率降低使电厂风机、水泵出力下降，导致发电能力下降，严重时可能造成恶性循环，迫使频率不断下降。一般频率下降1Hz，电厂出力下降3%左右。

（3）增加消耗。频率降低时，电厂的汽耗、煤耗、厂用电率均上升。用电产品的电耗上升，废品率升高，原材料的消耗增加，使成本增高。

（4）影响产量。频率下降使电动机转速下降，一般频率下降到48Hz时，电动机转速下降4%，因而影响产量。一般频率每下降1Hz，产量下降2%~6%。

（5）降低产品质量。频率下降使电机转速下降，因而使一些产品出现废品、次品，如纸的厚薄不均、棉纱的粗细不匀，频率下降0.3Hz，就会使精美的印刷品颜色深浅不匀。

（6）易造成电网瓦解事故。低频率运行的电网稳定性差，降低了电网应付事故的能力，稍有波动就可能导致系统的瓦解崩溃。

（7）自动化保护设备容易动作。在电源频率降低时，往往会造成误动。如国外曾发生过因电网频率下降，使铁路信号出现"危险"的误指示，而影响铁路交通运输。

（8）影响通信、广播、电视的音像质量。如低频率运行，会造成电唱机、录音机转速慢，声调失真；电影、电视后期制作中口形配不上；电报传真的字形歪扭。

2. 高频运行的危害

（1）损坏设备。高频运行时，因发电机、电动机和所有生产设备的转速增加，电压上升，超过原设计要求而遭损坏。

（2）汽轮机有时由于危急保安器动作而使机组突然甩负荷运行。

（3）使电厂消耗不必要的燃料，造成燃料浪费和增加成本开支。

（4）影响广播、通信、电视等音像质量。

四、改善供电频率偏差的措施

改善供电频率偏差的措施主要有以下几点：

（1）解决电力供需不平衡问题。

（2）电力管理部门应当遵照国家产业政策，按照统筹兼顾、保证重点、择优供应的原则，做好计划用电工作。用户应严格遵守供用电合同，不擅自改变用电类别，不擅自超过合同约定的容量用电。

（3）努力做好调整负荷工作，移峰填谷，减少峰谷差。

（4）装设低频减负荷自动装置及排定低频停限电序位，使电网频率降低时，能够适时地甩掉一些非重要负荷，以保证重要负荷的安全连续供电。

（5）对一些冲击性负荷采取必要的技术措施等。

课题三 供电电压质量

掌握电压允许偏差、三相电压允许不平衡度、电压允许波动和闪变的含义及其国家标准。了解供电电压超过允许偏差的原因、危害及其改善措施。

电压质量包括电压幅值质量和电压波形质量。幅值质量又包括电压允许偏差、电压允许波动和闪变、三相电压允许不平衡度等内容，电压正弦波形畸变，通常用谐波来表示，详细内容在课题四中讲解。

一、电压允许偏差

1. 电压偏差的国家标准

电压偏差是指实际电压偏移额定值的大小，一般用相对值表示

$$\Delta U = \frac{\Delta U}{U_N} \times 100\% = \frac{U_Z - U_N}{U_N} \times 100\% \tag{1-2}$$

式中　ΔU——电压实际偏移额定电压的百分数；

　　　U_N——额定电压值；

　　　U_Z——实际工作电压值。

供电企业变电所母线到用户受电端的电压允许偏差，国家标准 GB12325—1990《电能质量供电电压允许偏差》中规定为：

（1）35kV 及以上电压供电的，电压偏差绝对值之和不超过额定电压值的 10%。

（2）10kV 及以下三相供电的，为额定电压的 ±7%。

（3）低压 220V 单相供电的，为额定电压的 +7%、−10%。

2. 影响电压偏差的原因

供电电压超过合理允许偏差的原因主要有：

（1）供电距离超过合理的供电半径。

（2）供电导线截面选择不当，电压损失过大。

（3）线路过负荷运行。

（4）用电功率因数过低，无功电流大，加大了电压损失。

（5）冲击性负荷、非对称性负荷的影响。

（6）调压措施缺乏或使用不当，如变压器分接头摆放位置不当等。

（7）用电单位装用的电容器补偿功率因数采用了"死补"，即 24h 内不论本单位需用无功量多少，都固定供给一定量的无功，造成高峰负荷时间向电网吸收无功，而低谷负荷（尤其是后夜）时间大量向系统反送无功，引起电压变动幅度的增大。总之，无功电能的余、缺状况是影响供电电压偏差的重要因素。

3. 供电电压偏差超差的危害

当用电负荷消耗的无功功率大于电网无功功率供应能力时，将出现大面积的低电压情况；反之，则出现高电压运行情况。无论电网低电压运行或高电压运行，都会给电气设备的运行带来较大的危害。主要表现为：

（1）照明负荷。电压低时，发光效率下降，影响照度。如电压降低5%，亮度要降低15%～20%。电压降低10%，亮度降低32%。反之，电压升高5%时，电灯使用寿命减少一半；当电压升高10%时，电灯使用寿命只能维持原寿命的1/3。

（2）整流器、电热、电弧炉等负荷其有功功率与电压平方成正比。当电压降低1%时，有功功率下降2%，从而降低了用电设备的出力。反之，电压升高时，则有功功率增加。

（3）感应电动机及其他电动机负荷。电压下降时，经常会使电动机过负荷而烧毁，同时也会使电动机的启动十分困难。反之，长期高电压运行，会对电动机的绝缘造成危害。

（4）电压偏低会降低发、供、用电设备的出力。

（5）电压偏低会增加供电线路及电气设备中的电能损失。

（6）电压偏低常常会引起低电压保护装置动作，电磁开关、空气开关跳闸，影响生产的正常进行。反之，电压偏高也将引起过电压保护装置动作，以及使电气设备的电压线圈烧坏。

（7）电压偏低或偏高都会影响到通信、广播、电视等的音像质量。

（8）电压偏高或偏低都 会影响到家用电器设备的正常工作，如电压偏低，电冰箱、空调等难以启动。

（9）如果电网的无功功率严重匮乏，将导致电压崩溃、系统振荡、电网瓦解，严重危及供用电安全运行。

4. 改善电压质量的措施

（1）改善用电功率因数，使无功就地平衡。

（2）合理选择供电半径，尽量减少线路迂回、线路过长、交叉供电、功率倒送等不合理供电状况。

（3）合理选择供电线路的导线截面。

（4）合理配置变、配电设备，防止其过负荷运行。

（5）适当选用调压措施，如串联补偿、变压器加装有载调压装置、安装同期调相机或静电电容器等。

（6）正确选择变压器的变压比和电压分接头。

（7）根据电力系统潮流分布及时调整运行方式。

二、电压波动和闪变

1. 电压波动

在某一时段内，电压急剧变化而偏离额定值的现象，称为电压波动。

电压波动程度以电压在急剧变化过程中，相继出现的电压最大值和最小值之差与额定电压的百分比来表示，即

$$\delta U = \left[\left(U_{\max} - U_{\min} \right) / U_N \right] \times 100\% \tag{1-3}$$

式中　$U_{\max}$，$U_{\min}$——某一时段电压波动的最大值与最小值；

　　　　U_N——额定电压。

国家标准 GB12326—1990《电能质量电压允许波动和闪变》对电压波动允许值规定为：10kV 及以下为 2.5%，35～110kV 之间为 2%，220kV 及以上为 1.6%。

电压波动值的变化速度大于 0.2%/s。

2. 电压闪变

周期性电压急剧变化引起电光源的光通量急剧波动，造成人眼视觉不适的现象，称为闪变。

闪变电压用"等效闪变值"ΔU_{10} 来表示。ΔU_{10} 为电压调幅波中不同频率的正弦波分量的均方根值，等效为 10Hz 时的 1min 平均值，以额定电压的百分值表示

$$\Delta U_{10} = \sqrt{\sum \left(a_f \Delta U_f \right)^2} \tag{1-4}$$

式中　ΔU_f——电压调幅波中频率为 f 的正弦波分量的 1min 均方根值，以额定电压的百分数表示；

　　　　a_f——人眼对不同频率 f 的电压波动而引起灯闪的敏感程度，称为闪变视感系数。

电力系统公共供电点，由冲击功率负荷产生的闪变电压应小于 ΔU_{10} 或 U_N 的允许值，否则会出现闪变。

国家标准 GB12326—1990《电能质量电压允许波动和闪变》中对电压的闪变 ΔU_{10} 允许值规定为：对于照明要求较高的白炽灯负荷允许值为 0.4%，对于一般照明负荷允许值为 0.9%。

3. 产生电压波动和闪变的原因

电压波动主要是由大型用电设备负荷快速变化引起的冲击性负荷造成的。大型电动机的直接启停及加载、轧钢机轧钢、起重机提升启动、电弧炉熔化期发生工作短路、电气机车启动或爬坡等都有冲击负荷产生。电压波动是否会引起闪变取决于电压波动的频率、波动量和电光源的类型，以及工作场所对照明质量的要求。偶然产生的电压波动，即使是较大的电压波动，也不会引起严重的闪变，如大容量的电动机直接启动引起的电压降落对视觉影响不大。但当电压波动的频率过大时，即使是很小的电压波动，也会引起严重的闪变。

4. 抑制电压波动和闪变的措施

抑制电压波动和闪变的措施有：

（1）增加系统供电容量，提高供电电压等级。

（2）采用专用变压器和专线供电。

（3）改进生产工艺，提高操作水平。

（4）采用快速响应的静止无功补偿装置。

三、三相电压不平衡度

电力系统中，三相电压不平衡度用电压或电流负序分量的均方根值百分比表示。

三相电压不平衡是因三相负荷不平衡引起的。

国家标准 GB15549—1995《电能质量三相电压允许不平衡度》中规定，电力系统公共连接点正常电压不平衡度允许值为 2%，短时不超过 4%。

降低三相电压不平衡度的措施有：

（1）220V 或 380V 单相用电设备接入 220V/380V 三相系统时，宜使三相负荷平衡。

（2）由地区公共低压电网供电的 220V 照明负荷，线路电流小于或等于 30A 时，可采用 220V 单相供电。大于 30A 时，宜以 220V/380V 三相四线制供电。

课题四　电　力　谐　波

教学要求

了解电力谐波的含义、产生的原因、危害及其抑制方法。

一、电力谐波的概念

在交流电网中，由于有许多非线性电气设备投入运行，其电压、电流波形实际上不是完全的正弦波形，而是不同程度畸变的非正弦波。非正弦波是周期性电气量，根据傅立叶级数分析，可分解成基波分量和具有基波频率整数倍的谐波分量。非正弦波的电压或电流有效值等于基波和各次谐波电压或电流有效值和的平方根值。基波频率为电网频率（工频 50Hz）。谐波次数（n）是谐波频率与基波频率之比的整数倍。

另有一些非线性用电设备，如变频交流调速中，除了基波整数倍频率的谐波外，在整数倍谐波的两侧还有其他频率的波形，称为旁波。上述这些非基波频率的各次波，称为谐波。或者说非基波频率的电压和电流，均称为谐波电压和谐波电流。

二、产生谐波的原因

电力系统中谐波主要是由冶金、化工、电气化铁路及其他行业的换流设备、非线性用电设备产生的。它们向公用电网注入谐波电流，在公用电网中产生谐波电压，这些用电设备称为谐波源。其中，尤为严重的谐波源是硅整流、可控硅整流的换流设备和电弧炉、电焊机等非线性设备。

大量的谐波电流流入电网，在电网阻抗下产生谐波压降，叠加到电网基波上，引起电网电压波形畸变。

三、谐波的危害

大量的谐波电流注入电网，会造成电压正弦波波形畸变，使电能质量下降，给发供电设备、用户用电设备、用电计量、继电保护带来危害，成为污染电网的公害。

谐波使电网中感性负荷造成过电压，容性负荷造成过电流，影响用电计量准确度，给安全运行带来危害。例如，使继电保护误动，引起避雷器、断路器爆炸等，干扰电子设备，使计算机误动作，电子设备误触发，使通信回路、弱电回路产生杂音，甚至造成故障。

为了保证电网的电压波形质量，国家对波形质量标准作出规定，要求电网公共连接点电压正弦波畸变率和用户注入电网的谐波电流不得超过国家标准 GB/T14549—1993 的规定。

当用户的非线性用电设备接入电网运行所注入电网的谐波电流和引起公共连接点电压正弦波畸变率超过标准时，用户必须采取措施予以消除，否则，供电企业可中止对其供电。

四、谐波的防治措施

不论从保证电力系统的安全经济运行还是从保证设备和人身的安全来看，对谐波加以防治都是极为迫切需要的。目前，谐波的防治措施主要有：

1）受电变压器采用 Y，d 或 D，y 接线方式；
2）使用多相整流设备；
3）装设谐波滤波装置；
4）采用静止无功补偿装置。

小　结

供电质量和电能质量是两个完全不同的概念，供电质量包括供电可靠性和电能质量。

供电可靠性是以供电企业对用户停电的时间及次数来衡量的，通常用年平均供电可用率指标进行量化，即

$$R = (1 - \sum n_1 t_1 / 8760N) \times 100\%$$

电能质量包括频率质量和电压质量。频率质量的国家标准为 50 ± 0.2Hz。如果供电频率偏差超过这个标准，会对电力系统和广大用户造成很大的危害。因此，应尽量改善供电频率偏差。

电压质量包括幅值质量和波形质量，幅值质量又包括电压允许偏差、电压允许波动和闪变、三相电压允许不平衡度等内容。

电压正弦波形畸变通常用谐波来表示，谐波是电力系统的污染源，必须对它加以防治。

总之，电压质量包含的四项内容，每一项的数值都应控制在国家标准内，否则对电力系统和广大用户都会产生极大的危害。

习　题

1-1　供电质量指什么？电能质量指什么？

电力负荷

内容提要

本单元主要讲授了电力负荷、用电负荷的概念、特性和计算方法，以及调整负荷的意义、原则、方法和调整技术。

课题一 电力负荷及其计算

教学要求

了解电力负荷、用电负荷的分类，了解用电负荷的特性，掌握计算负荷的概念及其计算方法。

电力负荷是指发电厂或电力系统在某一时刻所承担的某一范围内耗电设备所消耗电功率的总和，单位用 kW 表示。

一、电力负荷分类

1. 用电负荷

电能用户的用电设备在某一时刻向电力系统取用的电功率的总和，称为用电负荷。用电负荷是电力总负荷中的主要部分。

2. 线路损失负荷

电能在从发电厂到用户的输配电过程中，不可避免地发生一定量的损失，即线路损失，与这种损失相对应的电功率称为线路损失负荷。

3. 供电负荷

用电负荷加上同一时刻的线路损失负荷，是发电厂对电网供电时所承担的全部负荷，称为供电负荷。

4. 厂用电负荷

发电厂在发电过程中自身要有许多厂用电设备在运行，对应于这些用电设备所消耗的电功率，称为厂用电负荷。

5. 发电负荷

发电厂对电网担负的供电负荷，加上同一时刻发电厂的厂用电负荷，构成电网的全部电能生产负荷，称为发电负荷。

二、用电负荷分类

根据用电负荷的性质及对供电要求的不同，用电负荷分为如下几类。

1. 根据对供电可靠性的要求不同分类

（1）一类负荷。中断供电时将造成人身伤亡或政治、军事、经济上的重大损失的负荷，如发生重大设备损坏，产品出现大量废品，引起生产混乱，重要交通枢纽、干线受阻，广播通信中断或城市水源中断，环境严重污染等等。

（2）二类负荷。中断供电时将造成严重减产、停产，局部地区交通阻塞，大部分城市居民的正常生活秩序被打乱等。

（3）三类负荷。除一、二类负荷之外的一般负荷。这类负荷短时停电造成的损失不大。

2. 根据国际上用电负荷的通用分类原则分类

（1）农、林、牧、渔、水利业。包括农村排灌、农副业、农业、林业、畜牧、渔业、水利业等各种用电，占总用电负荷的7%左右。

（2）工业。包括各种采掘业和制造业用电，占总用电负荷的80%左右。

（3）地质普查和勘探业。此类负荷用电较少，仅占总用电负荷的0.07%左右。

（4）建筑业。此类负荷用电较少，占总用电负荷的0.76%左右。

（5）交通运输、邮电通信业。包括公路、铁路车站用电，码头、机场用电，管道运输、电气化铁路用电及邮电通信用电等，占总用电负荷的1.7%左右。

（6）商业、公共饮食业、物资供应和仓储业。包括各种商店、饮食业、物资供应单位及仓库用电等，占总用电负荷的1.2%左右。

（7）其他事业单位。包括市内公共交通用电，路灯照明用电，文艺、体育单位、国家党政机关、各种社会团体、福利事业、科研机构等单位用电，占总用电负荷的3.1%左右。

（8）城乡居民生活用电。包括城市和乡村居民生活用电，占总用电负荷的6.2%左右。

3. 根据国民经济各个时期的政策和季节的要求分类

（1）优先保证供电的重点负荷。

（2）一般性供电的非重点负荷。

（3）可以暂时限电或停电的负荷。

三、用电负荷特性

用电负荷随着时间经常在变化着。掌握用电负荷的变化规律，对电力系统来讲可做到安全、稳定、经济地运行，对用户来讲可充分发挥每一千瓦时电能的效益。

（一）负荷曲线

负荷曲线是反映负荷随时间变化规律的曲线。它以横坐标表示时间，以纵坐标表示负荷的绝对值。电力负荷曲线表示用户在某一段时间内，电力、电量的使用情况。曲线所包含的面积，代表一段时间内用户的用电量。常见的电力负荷曲线有日用电负荷曲线、日平均负荷曲线、年用电负荷曲线等。

图2-1、图2-2分别表示日用电负荷曲线和年用电负荷曲线。

（二）负荷率

为了衡量在规定时间内负荷变动的情况，以及考核电气设备利用的程度，通常用负荷率表示。负荷率是指在规定时间（日、月、年）内的平均负荷与最大负荷之比的百分数。

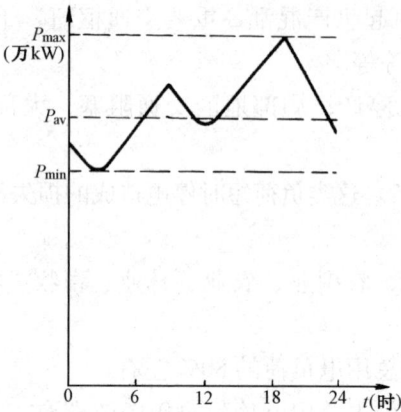

图 2-1　电力系统日用电负荷曲线　　　　图 2-2　电力系统年用电负荷曲线

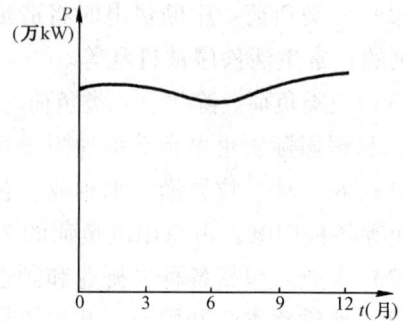

对日负荷曲线来说，可通过下式计算日负荷率

$$K_L = \frac{P_{av}}{P_{max}} \times 100\%$$

式中　K_L——日负荷率；

　　　P_{av}——日平均负荷，kW；

　　　P_{max}——日最大负荷，kW。

根据国家规定，企业日负荷率的最低指标值如表 2-1 所示。

表 2-1　　　　　　　　　　　　　　企业日负荷率最低指标值

企业类型	连续生产企业	三班制生产企业	二班制生产企业	一班制生产企业
日负荷率最低指标值	0.95	0.85	0.60	0.30

（三）用电负荷特性

1. 工业用电负荷特性

在我国国民经济结构中，除个别地区外，工业用电负荷在整个用电负荷中所占的比重最大。工业用电负荷在不同行业之间，由于工作方式（包括工厂设备利用情况、每一设备负荷情况、企业工作班制、工作日小时数、上下班时间、午休时间和交班间隔时间等）不同，其变化情况的差别很大。因此研究、分析和掌握工业用电负荷特性是很重要的。它主要有以下几个特征：

（1）年负荷变化。除部分建材、榨糖等季节性生产的工业用电期及节假日（如"五一"劳动节、"十一"国庆节、春节等）外，年负荷变化一般是比较稳定的。但不同地区、不同行业也有一些显著差别。比如北方由于冬季采暖、照明负荷的影响使年负荷曲线略呈两头高中间低的马鞍形。而南方则由于通风降温负荷的影响使夏季负荷高于冬季负荷。因连续生产的化工行业夏季单位产品耗电较多、冶金行业夏季劳动条件差而都集中在夏季停产检修，这就使局部地区夏季工业用电负荷反而较低。另外，年末又往往为了完成全年生产任务使工业用电负荷持续上升。

（2）季负荷变化。一般是季初较低，季末较高。

（3）月负荷变化。一般是上旬较低，中旬较高。在生产任务饱满的工矿企业，往往是下旬负荷高于中旬负荷。而生产任务不足的企业，有时中旬用电较多，月底下降。

（4）日负荷变化。日负荷变化起伏最大。一般一天内会出现早高峰、午高峰和晚高峰三个高峰，中午和午夜后两个低谷。由于高峰期间照明负荷和生产负荷相重叠，因此晚高峰比其他两个高峰尤为突出。日负荷变化与企业的工作班制、工作日小时数、上下班时间以及季节、气候等因素都有关系。

2. 农、林、牧、渔、水利业用电负荷特性

在这类用电负荷的特性中，农业排灌、农副业、水利业用电较多，因此这类用电负荷的特性由以下几方面决定。

（1）受季节影响较大。在春季和夏季排灌用电和水利业用电较多。在秋季以上两种用电会有所减少，但农业用电（主要是场上作业）和农副业用电剧增。在冬季这些用电会相对减少。

（2）受气候影响较大。在风调雨顺的年份，排灌用电和水利业用电较少，而遇大旱或大涝这类用电负荷就会剧增。

（3）用电负荷不稳定。天气大旱时，排灌用电负荷很大。一场大雨过后，旱情排除，排灌用电负荷就会迅速降下来。

（4）农副产品加工用电季节性影响同样明显。

3. 城乡居民生活用电负荷特性

随着人民生活水平的不断提高，人民生活用电量迅猛增长，特别是在晚高峰期间集中使用的特点，对日负荷曲线有极大的影响。其主要特点如下：

（1）在一日内变化大。

（2）季节变化对居民用电负荷的影响大。

其他几种用电负荷，因其负荷较小，对负荷曲线影响不大，故此处不予阐述。

四、负荷计算

为了计算一个工厂的总用电量，为了正确合理地选择工厂变、配电所的电气设备和导线、电缆，都必须首先确定工厂总的计算负荷。

计算负荷确定得是否合理，直接关系到供电系统中各组成元件的选择是否合理。若计算负荷确定过大，将造成投资和有色金属的浪费；而确定过小，又将使供电设备和导线在运行中发生过热问题，引起绝缘过早老化，甚至烧毁，给国家造成重大损失，因此计算负荷的确定是一项重要而又严谨的工作。

（一）计算负荷概念

通常为了按发热条件选择供电系统元件而需要计算的负荷功率或负荷电流，称为计算负荷。其计算步骤应从计算用电设备开始，然后进行车间变电所（变压器）、高压供电线路及总降压变电所（或配电所）等的负荷计算。

1. 用电设备分类

为了计算方便，一般将用电设备按其工作性质分为以下三类。

第一类为长时工作制用电设备，是指使用时间较长或连续工作的用电设备，如多种泵类、通风机、压缩机、输送带、机床、电弧炉、电阻炉、电解设备和某些照明装置等等。

第二类为短时工作制用电设备，是指工作时间甚短而停歇时间相当长的用电设备，如金属切削机床辅助机械（横梁升降、刀架快速移动装置等）的驱动电动机、启闭水闸的电动机等。

第三类为反复短时工作制用电设备，是指时而工作，时而停歇，如此反复运行的用电设备，如吊车用电动机、电焊用变压器等。

对于第三类反复短时工作制用电设备，为表征其反复短时的特点，通常用暂载率来描述它，即

$$\varepsilon = \frac{工作时间}{工作周期} = \frac{t_g}{t_g + t_t} \times 100\% \tag{2-1}$$

式中　ε——暂载率；

　　　t_g——每周期的工作时间，min；

　　　t_t——每周期的停歇时间，min。

2. 设备容量确定

设备容量一般是指用电设备的额定输出功率，用 P_N 或 S_N 表示。对一般电动机来说，P_N 是指铭牌容量，其确定方法如下。

（1）一般用电设备容量。它包括长时、短时工作制用电设备及照明设备，其设备容量 P_N 是指该设备上标明的额定输出功率。

（2）反复短时工作制用电设备容量。它包括反复短时工作制电动机和电焊变压器两种。反复短时工作制用电设备的工作周期，是以 10min 为计算依据。吊车电动机标准暂载率分为 15%、25%、40%、60% 四种；电焊设备标准暂载率分为 20%、40%、50%、100% 四种。这类设备在确定计算负荷时，首先要进行换算。

确定反复短时工作制电动机容量时。其设备容量 P_N 是指暂载率 $\varepsilon = 25\%$ 时的额定容量。如 ε 值不为 25%，则可按下式进行换算，使其变为 25% 时的额定容量

$$P_{N25} = \sqrt{\frac{\varepsilon_N}{\varepsilon_{25}}} P_N = 2\sqrt{\varepsilon_N} \cdot P_N \tag{2-2}$$

式中　ε_N——给定的设备暂载率（换算前的）；

　　　ε_{25}——暂载率为 25%；

　　　P_N——暂载率 $\varepsilon = \varepsilon_N$ 时的额定设备容量，kW。

【例 2-1】　有一台 10t 桥式吊车，额定功率 P_N 为 40kW（$\varepsilon_N = 40\%$），试求该设备的设备容量 P_{N25}。

解　$P_{N25} = \sqrt{\dfrac{\varepsilon_N}{\varepsilon_{25}}} P_N = 2\sqrt{\varepsilon_n} P_N = 2 \times \sqrt{0.4} \times 40 = 50$（kW）

答：该设备的设备容量为 80kW。

确定电焊变压器容量时，其设备容量 P_N 是指 $\varepsilon = 100\%$ 时的额定容量。当 $\varepsilon \neq 100\%$ 时应进行换算，换算公式为

$$S'_N = \sqrt{\frac{\varepsilon_N}{\varepsilon_{100}}} S_N = \sqrt{\varepsilon_N} \cdot S_N \tag{2-3}$$

或

$$P'_N = \sqrt{\frac{\varepsilon_N}{\varepsilon_{100}}} S_N \cos\varphi = \sqrt{\varepsilon_N} S_N \cos\varphi \tag{2-4}$$

式中　S_N——换算前的铭牌额定容量；

　　　$\cos\varphi$——与式中 S_N 相对应时的功率因数。

（二）确定计算负荷的方法

在确定计算负荷时，可以不考虑短时间出现的尖峰负荷，如电动机的起动电流等。但对于持续时间超过 0.5h 的最大负荷，必须考虑在内。

确定计算负荷的常用方法有需要系数法和二项式系数法两种。

1. 需要系数法

按需要系数法确定计算负荷比较简单，是目前确定用户车间变电所和全厂变电所负荷的主要方法。

在需要确定的计算负荷中，四个物理量之间的关系为

$$Q_{js} = P_{js} \mathrm{tg}\varphi \tag{2-5}$$

$$S_{js} = \sqrt{P_{js}^2 + Q_{js}^2} \tag{2-6}$$

或

$$S_{js} = \frac{P_{js}}{\cos\varphi} \tag{2-7}$$

$$I_{js} = \frac{S_{js}}{\sqrt{3} U_N} \tag{2-8}$$

或

$$I_{js} = \frac{P_{js}}{\sqrt{3} U_N \cos\varphi} \tag{2-9}$$

上五式中　$\cos\varphi$——功率因数；

　　　　　$\mathrm{tg}\varphi$——功率因数角 φ 的正切值；

　　　　　P_{js}——有功计算负荷，kW；

　　　　　Q_{js}——无功计算负荷，kvar；

　　　　　S_{js}——视在计算负荷，kVA；

　　　　　I_{js}——计算电流，A；

　　　　　U_N——三相用电设备的额定电压，kV。

（1）单个用电设备的计算负荷。对一般单台电动机来说，铭牌额定功率即为计算负荷。对单个白炽灯、电热器、电炉等，设备标称容量即为计算负荷。对单台反复短时工作制的用电设备，若吊车电动机的暂载率不是 25%，电焊变压器的暂载率不是 100%，则都应按式（2-3）和式（2-4）进行换算。换算后得到的设备容量（也称额定持续功率）即为计算负荷。

（2）成组用电设备的计算负荷。工作性质相同的一组用电设备有很多台，其中有的设备满载运行，有的设备轻载或空载运行，还有的设备处于备用或检修状态。在最大负荷时接于线路中的某组工作着的用电设备容量与该组全部用电设备总容量的比值，叫做同时系数。某组用电设备的计算负荷 P_{js} 总是比其额定容量的总和 $\sum P_N$ 要小得多，因此在确定计算负荷时需要将该组设备总容量（或称总功率）乘以一个需要系数 K_x，即

$$P_{js} = \frac{K_{sim} K_L}{\eta \cdot \eta_{li}} \sum P_N \tag{2-10}$$

式中　K_{sim}——同时系数；

　　　K_L——负荷系数，表示在最大负荷时，某组工作着的用电设备实际所需的功率与其设备总容量的比值；

　　　η——用电设备效率；

　　　η_{li}——线路效率；

　　$\sum P_N$——一组接于线路中的用电设备的总容量（总功率），kW。

式（2-10）考虑了影响计算负荷的主要因素，但并不是全部因素。有些因素，如工人操作的熟练程度、材料的供应情况、工具质量等均未考虑在内，事实上，也无法考虑。就是所谓的主要因素实际上也是很难确定的，所以通常只是通过实测，将所有影响计算负荷的许多因素归并成一个系数，称之为需要系数，所以需要系数 K_x 实际上是综合了多种影响计算负荷因素的系数。于是式（2-10）可简化为

$$P_{js} = K_x \sum P_N \tag{2-11}$$

式中　P_{js}——该组用电设备的有功计算负荷，kW；

　　　K_x——该组用电设备的需要系数；

　　$\sum P_N$——该组用电设备的总容量，kW。

一般由经验资料确定需要系数。在求得需要系数（查附录1）和所有装置的设备容量后，即可按式（2-11）求得计算负荷。

【例 2-2】　已知小批量生产的冷加工机床组拥有电压为380V 的三相交流电动机，功率7kW 的有 3 台、功率 4.5kW 的有 8 台、功率 2.8kW 的有 17 台、功率 1.7kW 的有 10 台，试求该机床组计算负荷。

解　由附录 1 的附表 1-3 查得：$K_x = 0.14 \sim 0.16$，取 $K_x = 0.15$，$\cos\varphi = 0.5$，$tg\varphi = 1.73$，则

$$\sum P_N = 7 \times 3 + 4.5 \times 8 + 2.8 \times 17 + 1.7 \times 10 = 121.6 \ (kW)$$

由式（2-11）求得其有功计算负荷为

$$P_{js} = K_x \sum P_N = 0.15 \times 121.6 = 18.24 \ (kW)$$

由式（2-5）求得其无功计算负荷为

$$Q_{js} = P_{js} tg\varphi = 18.24 \times 1.73 = 31.56 \ (kvar)$$

由式（2-6）或式（2-7）求得其视在计算负荷为

$$S_{js} = \frac{P_{js}}{\cos\varphi} = \frac{18.24}{0.5} = 36.48 \ (kVA)$$

由式（2-8）或式（2-9）求得其计算电流为

$$I_{js} = \frac{P_{js}}{\sqrt{3}U_N\cos\varphi} = \frac{18.24}{\sqrt{3}\times0.38\times0.5} = 55.48 \ (A)$$

上述用电设备组的 $\cos\varphi$、$\mathrm{tg}\varphi$ 是由附录6的附表1-3查得，并非电动机的实际额定功率因数和 φ 的正切值。

（3）多组用电设备的计算负荷。对于多组用电设备（如 M 组），由于其各组需要系数不尽相同，各组最大负荷出现的时间也不相同，因此在确定多组用电设备的计算负荷时，除了将各组计算负荷累加之外，还必须乘以一个需要系数的"同时使用系数"。

2. 二项式系数法

前述需要系数法把需要系数看作与用电设备台数及功率都无关的常数。这对确定整个企业（如台数多、总功率大）或一定规模车间变电所的计算负荷是可以的。但在确定连接设备台数不太多的车间干线或支干线的计算负荷时，其中 N 台大功率设备对电力负荷变化影响很大，需要系数法就不再符合要求，因此为了反映这种变化，可采用二项式系数法。它用两个系数表征负荷变化的规律，见表2-2。二项式系数法的基本计算公式为

$$P_{js} = b\sum P_N + c\sum P'_N$$

式中　c、b——二项式系数，见表2-2；

　　　$\sum P_N$——该组所有用电设备的总额定功率，kW；

　　　$b\sum P_N$——表示用电设备组的平均负荷；

　　　$\sum P'_N$——该组中 N 台功率最大的用电设备的总额定功率，kW；

　　　$c\sum P'_N$——表示用电设备组中，N 台容量最大功率设备运行时的附加负荷。

不同工作制的不同类用电设备，取用大功率设备的数量 N 应有所不同。一般规定：金属切割机床采用 $N=5$；反复短时工作制采用 $N=3$；加热炉采用 $N=2$；电焊设备采用 $N=1$。

表 2-2　　　　　　　　　　　　　**二项式法计算系数**

用电设备类别	N	二项式系数		$\cos\varphi$	$\mathrm{tg}\varphi$
		c	b		
热加工车间用于大批生产和流水作业的机床电动机	5	0.5	0.26	0.65	1.17
金属冷加工车间用于大批生产的机床电动机	5	0.5	0.14	0.50	1.73
金属冷加工车间用于大批生产的机床电动机，但为小批和单件生产	5	0.4	0.14	0.50	1.73
通风机、水泵、空压机及电动发电机组	5	0.25	0.65	0.80	0.75
连续运输和翻砂车间内造砂用机械非联动的用电设备	5	0.4	0.4	0.75	0.88
锅炉房、修理车间、装配车间和机房内的吊车（$\varepsilon=25\%$）	3	0.2	0.06	0.5	1.73
翻砂铸造车间的吊车（$\varepsilon=25\%$）	3	0.3	0.09	0.5	1.73
自动连续装料的电阻炉设备	2	0.3	0.7	0.95	0.33
非自动连续装料的电阻炉设备	1	0.5	0.5	0.95	0.33

【例 2-3】 已知某矿井有电压为 380V 的通风机：20kW 的 3 台，15kW 的 4 台，7kW 的 8 台。试用二项式法求该通风机组的计算负荷。

解 查表 2-2，取 $b = 0.65$，$c = 0.25$，$N = 5$，$\cos\varphi = 0.80$，$\text{tg}\varphi = 0.75$，则

$$\Sigma P'_{\text{N}} = 20 \times 3 + 15 \times 2 = 90 \ （kW）$$

$$\Sigma P_{\text{N}} = 20 \times 3 + 15 \times 4 + 7 \times 8 = 176 \ （kW）$$

因此可求得有功计算负荷为

$$P_{\text{js}} = b\Sigma P_{\text{N}} + c\Sigma P'_{\text{N}} = 0.65 \times 176 + 0.25 \times 90 = 136.9 \ （kW）$$

其计算电流为

$$I_{\text{js}} = \frac{P_{\text{js}}}{\sqrt{3} U_{\text{N}} \cos\varphi} = \frac{136.9}{\sqrt{3} \times 0.38 \times 0.8} = 260 \ （A）$$

答：该通风机组的计算负荷为 136.9kW。

（三）工厂企业总计算负荷的确定

为了确定全厂的需用电力和电量，或者为了合理选择工厂变、配电所的变压器容量和电气设备，以及导线、电缆的规格型号，都必须先确定工厂总计算负荷。

确定工厂计算负荷的方法一般有三种，即：需要系数法、逐级相加计算法和单耗估算法。

1. 需要系数法

将全厂用电设备的总设备容量 ΣP_{N}（不计备用设备容量）乘以一个全厂需要系数 K_{x}，得出全厂的计算负荷，即

$$P_{\text{js}} = K_{\text{x}}\Sigma P_{\text{N}}$$

2. 逐级相加计算法

如图 2-3 所示，采用从用电端开始，逐级向电源推移计算的方法计算工厂总负荷。其计算步骤如下：

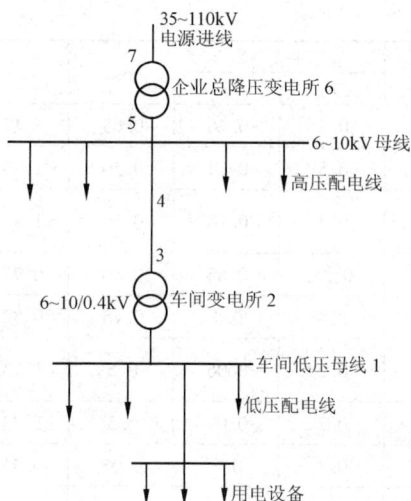

图 2-3　工厂供电示意图

（1）先确定各用电设备的计算负荷，然后计算车间干线和车间变电所低压母线 1 处的计算负荷，包括电力照明。

（2）车间变电所低压侧总计算负荷，加上车间变电所变压器 2 处的损耗功率，得到车间变电所高压侧 3 处的计算负荷。

（3）所有车间变电所高压侧的计算负荷，加上厂区高压配电线 4 的损耗功率，就得到工厂总降压变电所低压侧 5 处的计算负荷。

（4）工厂总降压变电所低压侧的计算负荷，加上主变压器 6 的损耗功率，得到总降压变电所高压侧 7 处的计算负荷，即为全厂进线处的总计算负荷。

应当注意的是当供电系统中某个环节装设有无

功功率补偿设备（如移相电容器）时，应在确定此装设地点的计算负荷前，将无功补偿考虑在内。

3. 单耗估算法

用单耗计算工厂的计算负荷有两种方法，一种是用单位产品耗电量来确定计算负荷；另一种是用单位产值耗电量来确定计算负荷。有固定产品的工厂可采用第一种方法，无固定产品的工厂（如修理厂等）可采用第二种方法。

课题二 电力负荷调整

教学要求

理解根据市场需求调整负荷的基本概念，理解负荷调整的重要意义，掌握调整负荷的原则、方法和技术措施。

一、调整负荷的基本概念

由于用户的用电性质不同，各类用户最大负荷出现的时间也不同。当用电负荷增加时，电力系统发电机出力也随之增加。当用电负荷减少时，电力系统的发电机出力也相应减少。如果各种用户最大负荷出现的时间过分集中，电力系统就得有足够的发电机出力满足用户需要，否则供电系统的电源和负荷不能平衡，出现供小于求的状况，造成低频率运行。当用电负荷高峰时间一过时，系统电源功率多于用电负荷，造成高频率运行。这些情况的出现都会带来很大的危害，同时增加了系统的大量投资。因此，为了保证电网安全、经济地运行，需要进行负荷调整。

所谓调整负荷，就是根据电力系统的具体情况与各类用户的不同用电规律，合理地有计划地安排与组织各类用户的用电负荷和用电时间，来达到供电和用电的平衡。

调整负荷有两方面的含义：一方面是调整电力系统各发电厂在不同时间的发电出力，以适应各用户用电总负荷在不同时间的需要，一般称之为调峰；另一方面是调整用户的用电负荷和时间，使电力系统在不同时间的用电需要和发电出力相适应，一般称之为调荷。发电厂调整尖峰出力和调整用电单位的负荷是一个问题的两个方面，只是工作的侧重面不同，一个是电网中发电厂的工作，一个是用电单位的工作，都很重要。电力网应尽最大努力，按照各类用户的生产特点和人民生活的需要，不间断地供应优质的电力。

二、调整负荷的意义

调整负荷的意义有以下几点：

1. 对电力系统有利

（1）节约国家对电力工业的基建投资。

（2）提高发电设备的热效率，降低燃料消耗，降低发电成本。

（3）充分利用水利资源，使之不发生弃水状况。

（4）增加电力系统运行的安全稳定性和提高供电质量。

（5）有利于电力设备的检修工作。

2. 对广大用户有利

（1）可节省国家对用户设备的投资。

（2）由于削峰填谷，将高峰时段用电改在低谷时段用电，减少了电费支出，从而也降低了生产成本。

（3）对市政生活有利。由于采取调整负荷措施，各工厂企业职工均轮休，并错开上下班时间，从而使地方交通运输、供水供气等服务性行业、文化娱乐场所等的负荷都能实现均匀化。

三、调整负荷的原则和方法

1. 调整负荷的原则

调整负荷是一项细致而复杂的工作，政策性强，涉及面广，不仅关系到电网的运行，工矿企业的生产，而且也关系到人民群众的生活和习惯，因此调整负荷应掌握以下原则。

（1）统筹兼顾。统筹兼顾就是在调整负荷时，要考虑到各种因素，照顾到各方面的利益。既要服从电网的需要，又要考虑用户的可能条件，不能一刀切搞平均主义。要根据电力供应的实际能力，结合各个用户的用电特点，合理调度，统筹安排。

（2）保证重点。调整负荷时要以国家利益为重，优先保证各级重点企业和一级负荷的企业用电。

（3）视具体情况采用不同方法。根据不同的电力系统和不同的电源结构，拟订不同的调整负荷方案，采用不同的调整负荷方法。

（4）适当照顾职工生活习惯。在日负荷中的晚高峰时段，要尽力照顾居民的生活照明。并尽量安排设在居民区的用电量较少且有噪声的工矿企业上正常班。总之，应尽量减少对居民生活的影响。

（5）明确调整负荷与限电的关系。调整负荷是用电时间的改变（调整），而不是限制用电量，两者不能混淆。

2. 调整负荷的方法

调整负荷的方法很多，对工矿企业来讲，主要是根据用电特性和负荷大小，采用削峰填谷、均衡负荷、提高负荷率。一般方法有日负荷、周负荷、年负荷调整。

（1）日负荷调整。常见的日负荷调整方法有以下4类：

1）调整生产班次，三班制生产企业将用电负荷最大或较大的班或工序安排到深夜；二班制企业可巧妙安排轮流倒班，将1/3的负荷转移到深夜去用；一班制企业可实行上午九点半上班。

2）错开上下班时间，这样就可以缓和同时上下班造成的用电负荷骤增骤减的状况，达到削减高峰负荷的目的。

3）增加深夜生产班次。

4）错开中午休息和就餐时间。

（2）周负荷调整。周负荷调整就是把一个供电区域或城市的工业用电负荷分成基本相等的七份，让工厂轮流休息，使一周内每天的用电负荷基本均衡。

（3）年负荷调整。根据年负荷曲线特征，在用电缓和季节多开放一些用电。在每年的高峰负荷期间，组织已完成国家计划的工厂进行设备大修。对一部分原材料比较充足、设备能力多余的工业用户，可按年度生产任务及地区负荷峰谷特点适当组织季节性生产。

（4）发电厂厂用电负荷调整。发电厂厂用电是指发电厂辅助机械的用电。火力发电厂厂用电的消耗量是很大的，约占发电量的 6% ~ 8%。因此，厂用电量是电力系统，特别是火电比重大的系统中的用电大户，在高峰时间调整火电厂厂用电负荷，对电力系统的安全经济运行以及缓和缺电矛盾都起着一定的作用。所以，调荷对象也包括发电厂本身。调整的方法就是使非连续性生产设备尽量避峰用电。

此外，定点负荷率考核法和峰谷、丰枯电价等都是调整负荷的措施。

四、负荷调整的技术措施

改变用户的用电方式是通过负荷管理技术来实现的，负荷管理技术就是负荷调整技术。它是根据电力系统的负荷特性，以某种方式将用户的电力需求从电网高峰期削减、转移或增加到电网负荷低谷期的用电，以改变电力需求在时序上的分布，减少日或季节性的电网峰荷，提高系统运行的可靠性和经济性。规划中的电网，主要是减少新增装机容量和节省电力建设投资，从而降低预期的供电成本。

负荷调整技术主要有削峰、填谷、移峰填谷三种。

1. 削峰（见图2-4）

削峰是在电网高峰负荷期减少用户的电力需求，避免增设边际成本高于平均成本的装机容量，并且由于平稳了系统负荷，而提高了电力系统运行的经济性和可靠性，降低了平均发电成本。另一方面，削峰会减少一定的峰期售电量，也降低了电力公司的部分收入。

削峰的控制手段主要有两个：一个是直接负荷控制，另一个是可中断负荷控制。

直接负荷控制是在电网峰荷时段，系统调度人员通过远动或自控装置随时控制用户终端用电的一种方法。由于它是随机控制，常常冲击生产秩序和生活节奏，大大降低了用户峰期用电的可靠性，大多数用户不易接受。尤其是那些可靠性要求很高的用户和设备，负荷的突然甩减和停止供电有时会酿成重大事故和带来很大的经济损失。即使采用降低直接负荷控制

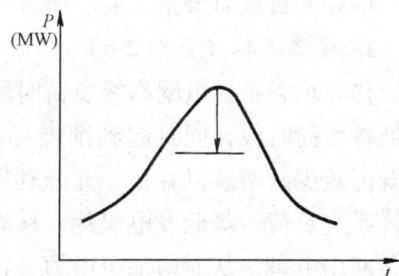

图2-4 削峰示意图

的供电电价也不太受用户欢迎，限制了这种控制方式的应用范围。在电力供应严重短缺、大量外购峰荷电力的电网，在失去电力平衡时往往采用这种方法削减峰荷，然后对用户予以电价补偿。直接负荷控制多用于城乡居民的用电控制，对于其他用户以停电损失最小为原则进行排序控制。

可中断负荷控制是根据供需双方事先的合同约定，在电网峰荷时段系统调度人员向用

户发出请求信号，经用户响应后中断部分供电的一种方法。它特别适合可以放宽对供电可靠性苛刻要求的那些"塑性负荷"，主要应用于工业、商业、服务业等。

削峰控制不但可以降低电网峰荷，还可降低用户变压器的容量。

2. 填谷（见图2-5）

填谷是在电网低谷时段增加用户的电力电量需求，有利于启用系统空闲的发电容量，并使电网负荷趋于平稳，提高了系统运行的经济性。由于它增加了销售电量，减少了单位电量的固定成本，进一步降低了平均发电成本，使电力公司增加了销售收入。尤其适用于电网负荷的峰谷差大、负荷调节能力差、压电困难，或新增电量长期边际成本低于平均电价的电力系统。

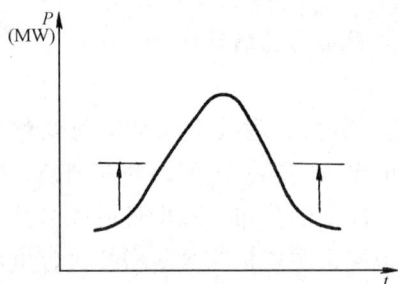

图 2-5 填谷示意图

比较常用的填谷技术措施有：

（1）增加季节性用户负荷。在电网年负荷低谷时期，增加季节性用户负荷。在丰水期鼓励用户多用水电，以电力替代其他能源。

（2）增添低谷用电设备。对于夏季尖峰的电网可适当增加冬季用电设备，对冬季尖峰的电网可适当增加夏季用电设备。在日负荷低谷时段，投入电气锅炉或蓄热装置采用电气保温，在冬季后夜可投入电暖气或电气采暖空调等进行填谷。

（3）增加蓄能用电。在电网日负荷低谷时段投入电气蓄能装置进行填谷，如电气蓄热器、电动汽车蓄电瓶和各种可随机安排的充电装置等。

填谷不仅对电力公司有益，而且用户利用廉价的谷期电量也可以减少电费开支。但是，填谷要部分地改变用户的工作程序和作业习惯，因此增加了填谷技术的实施难度。

填谷的重点对象是工业、服务业和农业等部门。

3. 移峰填谷（见图2-6）

移峰填谷是将电网高峰负荷时段的用电需求转移到低谷负荷时段，同时起到削峰和填谷的双重作用。它既可减少新增装机容量、充分利用闲置容量，又可平稳系统负荷、降低发电煤耗。移峰填谷一方面增加了谷期用电量，从而增加了电力公司的销售电量。另一方面也减少了峰期用电量，从而减少了电力公司的销售电量。电力系统的销售收入取决于增加的谷电收入和降低的运行费用对减少峰电收入的抵偿程度。在电力严重短缺、峰谷差大、负荷调节能力有限的电力

图 2-6 移峰填谷示意图

系统，一直把移峰填谷作为改善电网经营管理的一项主要任务。对于拟建电厂，移峰填谷可以减少新增装机容量和电力建设投资。

主要的移峰填谷技术措施有：

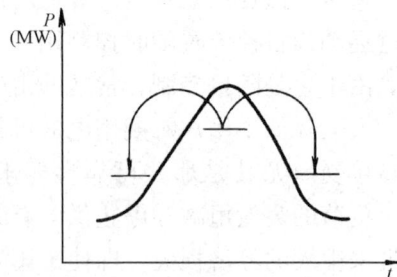

1）蓄冷蓄热技术。

2）能源替代运行。

3）调整作业程序。

4）调整轮休制度。

小 结

电力负荷是指电力系统在某一时刻所承担的某一范围内耗电设备所消耗电功率的总和，单位用 kW 表示。用电负荷是电力负荷中的主要部分。用电负荷根据其性质及对供电要求的不同，分类也可不同。例如：根据对供电可靠性的要求不同分类，可分为一类负荷、二类负荷、三类负荷；根据国际上用电负荷的通用分类，可分为农、林、牧、渔、水利业、工业、地质业、建筑业、交通电信业、商业及仓储业、其他事业单位、城乡居民生活用电等八类。

用电负荷随着时间经常在变化着。负荷曲线就是反映用电负荷随时间变化的规律的曲线。负荷曲线通常有日负荷曲线、日平均负荷曲线、年负荷曲线等等。

负荷率是用来衡量在规定时间内负荷变动情况的指标。负荷率越高，电力系统的经济效益就越高，电气设备利用的程度也越高，因此，负荷率越高越好。

计算负荷的常用方法有需要系数法和二项式系数法。

由于用户的用电性质不同，所以各类用户最大负荷出现的时间也不同。如果各种用户最大负荷出现的时间过分集中，电力系统就得有足够的发电机出力满足用户需要，否则电力系统的电源和负荷不能平衡，将出现供小于求的状况，造成低频率运行。当用电负荷高峰时间一过，系统电源多于用电负荷，造成高频率运行。这些情况的出现都会给电网及用户带来很大危害，同时也增加了系统的大量投资。为了保证电网安全、经济地运行，就必须进行负荷调整。调整负荷的原则主要有：①统筹兼顾；②保证重点；③视具体情况采用不同方法；④适当照顾职工生活习惯；⑤明确调整负荷与限电的关系。调整负荷的方法主要有：①日负荷调整；②周负荷调整；③年负荷调整；④发电厂厂用电负荷调整。负荷调整技术措施主要有削峰、填谷、移峰填谷三种。

习 题

2-1 什么叫电力负荷？用电负荷分为哪几类？各有什么主要特点？

2-2 什么叫负荷曲线？如何计算负荷率？

2-3 何谓计算负荷？何谓暂载率？

2-4 确定计算负荷的意义、内容和方法有哪些？

2-5 某机修车间380V线路上，接有冷加工机床电动机8台，共50kW（其中7kW有

2台，4.5kW 有 2 台，2.8kW 有 4 台）；吊车用电动机 2 台，共 80kW（$\varepsilon_N = 40\%$）。电焊用变压器 1 台，为 42kVA（$\varepsilon_N = 60\%$，$\cos\varphi = 0.62$），试分别用需要系数法和二项式系数法确定车间干线上的计算负荷。

2-6　为什么要调整负荷？

2-7　调整负荷有哪些方法？

2-8　调整负荷有哪些技术措施？移峰填谷的技术措施有哪些？

需求侧管理（DSM）

内容提要

本单元主要介绍了需求侧管理（DSM）的基本概念、特点、作用及对象，对需求侧管理技术作了较详细的阐述。

课题一　需求侧管理（DSM）的概念、特点及作用

教学要求

了解需求侧管理的基本概念、运营特点及对象。

一、基本概念

需求侧管理是综合资源规划的一项主要内容，重在提高终端用电效率和改善用电方式，提供节电资源，减少对供电的依赖。终端节电资源的发掘，要通过需求侧管理来实现。

需求侧管理是一个新概念，尽管对它的表述各式各样，但其实质内容大体一致。可以认为：需求侧管理是电力公司采取有效的激励和诱导措施以及适宜的运作方式，与用户共同协力提高终端用电效率，改变用电方式，为减少电量消耗和电力需求所进行的管理活动。

因此，需求侧管理是否具有有效性和持续性，在于电力公司是否具备一套相适应的运行机制和运营策略。

二、运营特点

电力公司是实施综合资源规划的主体，需求侧管理的运营活动主要是由电力公司完成的。

需求侧管理与电力部门传统的用电管理相比，本质上不是一码事，是管理方式的一种演进和变革。它具有以下特点。

1. 需求侧管理非常强调在提高用电效率的基础上取得直接的经济收益

需求侧管理是一种运营活动，它讲求效率，更追求效益。效率是效益的基础，效益才是目的。没有效益的节能节电活动将损害社会的整体利益和电力公司及用户的群体利益。只有效益才能激发电力公司和电力用户主动从事节能节电的内在动力，它是使节能节电活动持久开展下去的支柱。因此，任何一项节能节电措施，都要给社会、电力公司和用户带来经济收益。既要节电，又要省钱，使电力公司和用户都有利可图。电力公司在运营过程中，在获得允许的节电收益前提下，要采取以鼓励为主的市场手段推动用户节能节电，使

它们尽可能的减少电费开支，缩短节电投资回收年限。

2. 需求侧管理也非常强调建立电力公司与用户之间的伙伴关系

供电系统是以输配电网络的形式连接千家万户的，它具有高度的垄断性。其市场竞争机制并不明显，用户对电能几乎没有选择的余地，常常处于求助地位，特别是在电力供应紧张的时候往往给用户带来了过重的负担。事实上，供电和用电是一个整体，电力系统运行的可靠性和经济性集中体现在供电成本上，它在很大程度上取决于用户的消费行为和用电方式。电力公司的一个重要任务就是要千方百计去调动用户改善电网运行效果的积极性和节约用电的主动性。因此，需求侧管理要求电力公司和用户，无论是在电力短缺的时候，还是在电力富裕的时候，都要为供电和用电效果付出代价，共同承担风险，共同争得利益。只有在它们之间建立起一种融洽的合作感情，携手相伴，方能在电力开发和节电领域取得更大的整体效益，使供需双方获得更大的收益。

3. 需求侧管理还非常强调基于用户利益基础上的能源服务

电能不是社会的最终产品，它看不见、摸不到，又不能大量储存，实际上是提供动力、热力、制冷、照明、运输以及康乐和环境等方面服务的一种中间性产品。优质能源服务是电力公司运营活动的基础，也是用户的根本要求，它不主张强行采取拉闸限电、轮休、倒班等不顾及用户承受能力和经济利益的做法去减少用电需求，更多的是鼓励采用科学的管理方法和先进的技术手段，在不强行改变正常生产秩序和生活节奏的条件下，促使用户主动改变消费行为和用电方式，提高用电效率和减少电力需求，既提高了电网运行的经济性，又节省了用户的电费开支。这样，才能使供需双方从需求侧管理实践中理解到：节能并不意味着以降低生产活力和生活水平为代价，而是一种有价值的社会增益活动。特别对曾饱尝多年缺电之苦的国家和地区来说，对那种降低能源服务水平、牺牲用户利益来挖掘"节能"潜力的做法还记忆犹新，把它们从误解和偏见中解脱出来至关重要。能否把用户从被动节能引导到主动节能的轨道上来，是需求侧管理成败的一个重要标志。

三、需求侧管理的对象

需求侧管理的对象要求具体明确地落在终端，以便于采取有针对性的实施对策和运营策略。

概括起来，可供选择的对象有下列几个主要方面：

（1）用户终端的主要用能设备，如照明、空调、电动机、电热、电化学、冷藏、热水器、暖气、通风设备等。

（2）可与电能相互替代的用能设备，如燃气、燃油、燃煤、太阳能、沼气等热力设备。

（3）与电能利用有关的余热回收和传热设备，如热泵、热管、余热锅炉、换热器等。

（4）与用电有关的蓄能设备，如蒸汽蓄热器、热水蓄热器、电动汽车蓄电瓶等。

（5）自备发电厂，如自备背压式、抽背式或抽汽式热电厂，以及燃气轮机电厂、柴油机电厂、余热和余压发电等。

（6）与用电有关的环境设备，如建筑物的保温、自然采光和自然采暖及遮阴等。

用电领域极为广阔，用电工艺多种多样，在确定具体的管理对象时一定要精心选择。

尤其是节能项目一般都投产快，要逐年连续实施，要有可采用的先进技术和设备作为实施需求侧管理计划的必要物质条件。

课题二　需求侧管理技术

教学要求

　　了解需求侧管理实施的技术手段、财政手段、诱导手段、行政手段等。

　　为了实施需求侧管理计划，必须采取多种手段。这些手段是以先进的技术设备为基础，以经济效益为中心，以法制为保障，以政策为先导，采用市场经济运作方式，讲究贡献和效益。概括起来主要有：技术手段、财政手段、诱导手段、行政手段四种。

一、管理的技术手段

　　技术手段指针对具体的管理对象、生产工艺和生活习惯的用电特点，采用规划期内技术成熟、当前就能应用的先进节电技术和管理技术，以及与其相适应的设备来提高终端用电效率或改变用电方式的技术措施。如高效节能灯具、高效电冰箱、高效热水器、高效换气机、高效空调器、高效电动机、高效变压器和高效绝热保温技术、蓄冷蓄热蓄电技术、溴化锂制冷技术、远红外加热技术、无功补偿技术、自动控制技术、电动机变频调速技术、余热和余压发电技术、太阳能利用技术，以及能源替代、自备电厂参与电网调度、工艺流水操作、作业程序调度等措施，都可以考虑作为节约电量和电力的技术手段。

　　（一）改变用户的用电方式

　　改变用户的用电方式是通过负荷管理技术来实现的，负荷管理技术就是负荷调整技术。它是根据电力系统的负荷特性，通过某种方式将用户的电力需求从电网负荷高峰期削减、转移或增加到电网负荷低谷期，改变电力需求在时序上的分布，减少日或季节性的电网峰荷，以提高系统运行的可靠性和经济性。在规划中的电网，主要是通过减少新增装机容量和节省电力建设投资来降低预期的供电成本的。

　　负荷调整技术主要有削峰、填谷、移峰填谷三种。

　　（二）提高终端用电效率

　　提高终端用电效率是通过改变用户的消费行为，采用先进的节能技术和高效设备来实现的，其根本目的就是节约用电，减少用户的电量消耗。与节约电力不同，节约电量是随意的，可在任何时间进行，它不受时序的约束。

　　1. 直接节能与间接节能

　　基于国民经济的角度，以产值能耗为基础计算的节能量，称为总节能量，它包括直接节能和间接节能两个部分。

　　直接节能是采用科学的管理方法和先进的技术手段，通过提高能源利用效率以达到节省能源的目的的一种节能活动。凡是有能源利用的场合都有直接节能的领域贯穿在能源供应、能源转换、能源输送、能源储存、终端服务等各个环节。直接节能是一种实实在在的节能活动，节能量的获取要依靠科学技术进步来实现，可以认为建立在效率基础上的直接节能活动，是促进社会前进的一个推动力。

间接节能是依靠改善经济管理，通过采取调整和控制手段来节省能源的一种节能活动。它要依靠调整经济结构、生产力的合理布局、节约使用原材料、提高产品质量、最终产品的节约利用、增加高能耗产品的进口等等的经济管理来实现。

直接节能是需求侧管理的主要对象，间接节能主要靠宏观调控和经济管理来实现。

需求侧管理是建立在提高终端用电效率的基础之上的一种节能运营管理活动，它致力于直接节能节电，在资源有效利用的前提下获得更高的经济收益。

2. 终端用电量与有效电量

对用电来说，设备的供给电量恒等于有效电量与损失电量之和，用电效率是有效电量占供电量的比率，可以用正反平衡两种形式表述，即

$$W_{gg} = W_{yx} + W_{ss} \tag{3-1}$$

$$\eta_w = \frac{W_{yx}}{W_{gg}} \times 100\% \tag{3-2}$$

$$\eta_w = \left(1 - \frac{W_{ss}}{W_{gg}}\right) \times 100\% \tag{3-3}$$

以上式中　　W_{gg}——供给电量；

$\qquad\qquad$ W_{yx}——有效电量；

$\qquad\qquad$ W_{ss}——损失电量；

$\qquad\qquad$ η_w——用电效率。

终端设备的供给电量就是它消耗的用电量，有效电量是终端设备完成能源服务所必须消耗的有用部分。节电是在满足同样的有效电量的条件下减少用电量，而不是减少有效电量、降低服务水平，它是需求侧管理和节能的一个重要的前提。如果以减少有效电量、降低能源服务水平为代价去减少供给电量，就抽去了节能的真髓。不能认为，以拉闸限电、降低产品产量和质量、降低服务工作量和服务功能等减少用电也属于节电活动。要明确节电和限电的界限，才有利于推进节电。

3. 提高终端用电效率的措施

终端用电设备很多，消费方式千差万别，节能节电具有多样、分散的特点，因此，提高终端用电效率的技术措施也多种多样。概括起来大体上包括：选用高效用电设备、实行节电运行、采用能源替代、实现余能余热回收，以及应用高效节电材料、作业合理调度、改变消费行为等几个方面。下面分别阐述。

（1）在照明方面。采用紧凑型荧光灯替代普通白炽灯，用细管荧光灯替代普通粗管荧光灯，用钠灯替代汞灯，用高效电感镇流器替代普通电感镇流器，用电子镇流器替代普通电感镇流器，用高效反射灯罩替代普通反射灯罩等高效节电灯具，以及采用声控、光

控、时控、感控等智能开关和钥匙开关等控制实行照明节电运行等等。

（2）在电动机方面。选用高导电、高导磁性能的电动机替代普通电动机，选用与生产工艺需要容量相匹配的电动机提高运行的平均负荷率，应用各种调整技术实现电动机节电运行，实行流水作业降低电动机空载率等等。

（3）在制冷空调方面。应用溴化锂吸收式制冷以减少用电，应用智能控制高效空调器以节约用电，利用热泵替代电阻加热的取暖空调来节约用电，建立适应人体生理条件的消费行为来降低用电等等。

（4）在变配电方面。采用低铜损铁损的高效变压器，减少变电次数，实行变压器节电运行，配电线路合理布局和采用无功就地补偿来减少配电损失等等。

（5）在余能余热回收方面。干法熄焦高温余热回收发电、工业炉窑高温余热回收发电、高炉炉顶排气压力发电、工业锅炉余压发电等可用来提高能源利用效率和增加终端用户自给电量，采用热泵、热管和高效换热器等热回收和热传导设备能直接或间接地减少用电消耗。

（6）在作业合理调度方面。实行专业化集中生产，提高炉窑的装载率，降低单位产品电耗；实行连续作业，减少开炉、停炉损失，提高设备的用电效率；风机、泵类、压缩机实行经济运行等等。

（7）在建筑方面。采用绝热性能高的墙体材料和门窗结构，充分利用自然光和热等。

（8）在能源替代方面。要把太阳能和燃气作为与电能相互替代的主要对象，更经济合理地利用能源资源。

二、管理的财政手段

管理的财政手段是开拓节能市场、增强节电活力的最主要的激励手段，也是需求侧管理在运营策略方面的重点。其目的在于刺激和鼓励用户主动改变消费行为和用电方式，减少电量消耗和电力需求。主要的措施有：电价鼓励、折让鼓励、借贷优惠鼓励、免费安装鼓励、节电设备租赁鼓励、节电特别奖励、节电招标鼓励等。电价鼓励主要是由供应方制定的，没有随意性，属于控制性鼓励手段，其他措施属于激励性鼓励手段，是更灵活的市场工具。不论哪种手段，鼓励的都是那些致力于终端直接节能节电，为社会作出增益贡献的用户。虽然对不参与节电的用户不予财政鼓励，但并不损害其经济利益。

1. 电价鼓励

电价鼓励是一种影响面大、敏感性强、有效而且便于操作的激励手段。它的制定程序较复杂，调整难度较大，需要制定一个适合市场机制的合理的电价制度，使它既能激发电力公司实施需求侧管理的积极性，又能激励用户主动参与需求侧管理活动。

2. 折让鼓励

折让鼓励被认为是需求侧管理的一个很有刺激力的市场调节手段。它给予购置特定高效节电产品的用户或推销商适当比例的折让，注重发挥推销商参与节电活动的特殊作用，以吸引更多的用户参与需求侧管理活动，并促使制造厂家推出更好的新型节电产品。

折让是市场经济的产物，是竞争环境中企业经营活动的一种促销手段，而不是经营活动的目的。它与以推销假冒伪劣产品为目的损害用户利益的那种"回扣"，或陈旧积压产品降价大甩卖在本质上不是一回事。需求侧管理的折让鼓励是在符合市场运行规范条件下进行的，首先是为货真价实的优质高效节电产品开拓市场。折让额是事先标定的、完全透明的，不是那种"袖口"里的交易。正常有序的折让活动，将得到法律的保护。

3. 免费安装鼓励

免费安装鼓励被视为需求侧管理相当成功的一个市场工具。它是指电力公司或受雇于电力公司的能源服务公司等，为用户全部或部分免费安装节电设备，以鼓励用户节电。由于用户不必或仅支付少许费用，从而减轻了用户的投资风险和资金筹措等困难，颇受用户的欢迎。免费安装一般是对收入较低的家庭住宅和对需求侧管理计划反应不太强烈的用户，也往往仅限于初始投资低和节电效果好的那些节电设备。免费安装鼓励是最为直接的鼓励手段，往往易于争得更高的用户参与率。

4. 借贷优惠鼓励

借贷优惠鼓励是非常通行的一个市场工具。它是向购置高效节电设备的用户，尤其是初始投资较高的那些用户提供低息或零息贷款，以减少它们参加需求侧管理计划在资金短缺方面存在的障碍。电力公司在选择借贷对象时，要求在可能的条件下，使节电所带来的收益超过提供贷款所减少的利息收入。

5. 节电设备租赁鼓励

节电设备租赁鼓励是把节电设备租借给用户，以节电效益逐步偿还租金的办法来鼓励用户节电。这种鼓励手段的特点在于它有利于消除用户举债的心理压力，有利于克服支付初始投资资金缺乏的障碍。

这种租赁鼓励手段的生命力，主要取决于节电产品质量、寿命、成本优势和租后服务。

6. 节电特别奖励

它是对一些工商业户等提出的准备实施且行之有效的优秀节电方案给予"用户节电特别奖励"，借以树立节电榜样，以激发更多用户的节电热情，维斯康辛电力公司采用这种鼓励手段收到了满意的效果。

节电特别奖励是在对多个节电竞选方案进行可行性和预期实施效果的审计和评估后确定的。竞选活动也是一次节电会诊活动，有利于参与竞选的用户提高他们节电方案的实施能力和实施效果，既便落选也有收获。

7. 节电招标鼓励

节电招标鼓励是为了满足用户的用电需求，电力公司采用招标、拍卖、期货等市场交易手段，向独立经营的发电公司、独立经营的节能公司（或能源服务公司）和用户征集各种切实可行的供电方案和节电方案，激励他们在供电和节电技术、方法、成本等方面开展竞争，借以降低供电和节电成本，提高供用电的整体经济效益。

竞争性节电招标被认为是一种市场性更强的鼓励性措施，也是促进节电走向商品化的一个有力手段，是一个很有前景的市场工具，对节能有更大的推动力。它提倡在节电方案之间、发电方案之间、发电和节电方案之间展开竞争，鼓励采取多种形式和刺激办法，为实施根本有效的需求侧管理计划开辟道路。

三、管理的诱导手段

诱导是对用户进行消费引导的一种有效的、不可缺少的市场手段。相同的财政激励和同样的收益，用户可能出现不同的反应，关键在于诱导。实行诱导也需要成本，但对用户来说基本上不是直接的，属于非财政性的。

节能要落实到终端，要通过用户来实现。用户普遍缺乏必要的节能节电知识，对市场上销售的先进节能技术和新型设备则了解得更少，也难于获得他们需要的有关节电信息，不太知道怎么选择能源，怎么更有效地利用能源。

由于节能具有不确定性，产品价格与效率也没有严格的关系，又由于节能不是企业盈利的目标，也不是居民收入的主要来源，再加上对节能产品一些夸大其辞的宣传，因此用户对节能投资的效果在相当程度上持有怀疑态度，难以下决心花费一笔资金去购置价格比较昂贵的高效节能设备。在节电预期效益不太明显的情况下，甚至宁愿继续使用旧式低效设备多支付些电费，也不愿更新换代去承担节能投资风险。然而，当用户准备投资于节电活动时，又往往因得不到必要的指导和切实的帮助而难以实现。

一般地讲，用户购物的心理状态千差万别，但有一点是可以肯定的，那就是效率不是购物的主要标准，它并不决定消费者的选购行为。众多的用户根本就没有建立起效率意识，购置用电设备极少考虑效率和节电，主要是根据安全、可靠、舒适、方便、美观、适用以及自己的资金潜力等来决定是否购买和购买什么档次的用电设备。

客观上存在的某些心理状态是打开节能市场的一个主要障碍，不是靠简单的号召性宣传所能克服的。因此，要把消除用户在认识上、技术上、经济上等存在的心理障碍，把提高他们对节能的响应能力作为一种手段，才能显示出诱导在节能活动中应有的价值。

主要的诱导措施有：普及节能知识、节能信息传播、研讨交流、审计咨询、技术推广、宣传鼓励、政策交待等等。主要的方式有两种，一种是利用各种媒介把信息传递给用户，如电视、广播、报刊、展览、广告、画册、读物、信箱等；另一种是与用户直接接触，提供各种能源服务，如讲座、研讨、培训、询访、诊断、审计等。经验证明：诱导手段的时效长、成本低、活力强。其关键是选准诱导方向和建立起诱导信誉。

四、管理的行政手段

需求侧管理的行政手段是指政府及其有关职能部门，通过法规、标准、政策、制度等来规范电力消费和市场行为，以政府持有的行政力量来推动节能、约束浪费、保护环境的一种管理活动。

提高能源利用效率和能源利用的经济效果要依赖于市场来实现，但仅靠市场微观调节的力量不能完全符合资源合理配置的整体要求和社会可持续发展的长远利益需求，因此，需要政府运用行政力量予以宏观调控，来保障市场健康地运转。行政手段具有权威性、指导性和强制性，在培育效率市场方面起到特殊的作用。90 年代初，综合资源规划和需求侧管理就开始被正式列为一些国家的能源战略支持重点。但到目前为止，尚未形成一套完整的、有针对性的法规、标准和政策，因此近些年来这些国家正在进行不断地补充和完善，正在有意识地为综合资源规划和需求侧管理的实施开辟道路。

小　结

　　需求侧管理是电力公司采取有效的激励和诱导措施以及适宜的运作方式,与用户同心协力提高终端用电效率、改变用电方式,为减少电量消耗和电力需求所进行的管理活动。

　　需求侧管理的运营特点主要有:①强调在提高用电效率的基础上取得直接的经济收益;②强调建立电力公司与用户之间的伙伴关系;③强调基于用户利益基础之上的能源服务。

　　需求侧管理的对象主要有:①用户终端的主要用能设备;②可与电能相互替代的用能设备;③与电能利用有关的余热回收和传热设备;④与用电有关的蓄能设备;⑤自备发电厂;⑥与用电有关的环境设施。

　　需求侧管理技术主要有:技术手段、财政手段、诱导手段、行政手段四种。技术手段包括改变用户的用电方式和提高终端用电效率两种;财政手段主要有:①电价鼓励;②折让鼓励;③免费安装鼓励;④借贷优惠鼓励;⑤节电设备租赁鼓励;⑥节电特别奖励;⑦节电招标鼓励。诱导手段主要有:①普及节能知识;②节能信息传播;③研讨交流;④审计咨询;⑤技术推广;⑥宣传鼓励;⑦政策交待等。

习　题

3-1　什么是需求侧管理?

3-2　需求侧管理的运营特点有哪些?

3-3　需求侧管理的对象有哪些?

3-4　需求侧管理技术有哪些?技术手段主要有哪些?

企 业 无 功 补 偿

内容提要

本单元主要介绍了功率因数的概念、计算方法、影响功率因数的因素及提高功率因数的效益的措施。同时对提高功率因数的方法和无功功率的人工补偿做了较详细的介绍。

课题一　功率因数的基本知识

教学要求

掌握功率因数的基本概念及分类，了解企业功率因数的影响因素及提高功率因数的效益。

一、功率因数的基本概念

电网需要电源供给两部分能量，一部分用于作功而被消耗掉，这部分电能转换为机械能、热能、化学能和光能，称为有功功率；另一部分能量是用来建立交变磁场，并不对外部电路作功，它由电能转换为磁能，再由磁能转换为电能，这样反复交换的功率称为无功功率。接在电网中的许多用电设备是根据电磁感应原理工作的。如只有通过磁场，变压器才能改变电压并将电能传送出去，电动机才能转动并拖动机械负荷。没有磁场，这些设备将不能工作。磁场所具有的电场能是由电源供给的。电动机和变压器在能量转换过程中建立交变磁场所需的功率，和移相电容器充放电时与交流电源交换的能量都是无功功率，前者是感性无功功率（电流滞后于电压），后者是容性无功功率（电流超前于电压）。

在交流电路中，有功功率和无功功率构成视在功率，或者说视在功率包括有功功率和无功功率两个部分。它们之间的关系如图 4-1 所示。

由功率三角形可知

$$S = \sqrt{P^2 + Q^2} \tag{4-1}$$

$$\cos\varphi = \frac{P}{S} = \frac{1}{\sqrt{1 + \left(\dfrac{Q}{P}\right)^2}} \tag{4-2}$$

式中　S——视在功率，kVA；

P——有功功率，kW；

Q——无功功率，kvar；

$\cos\varphi$——功率因数；

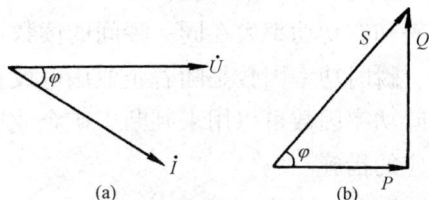

图 4-1　功率三角形

（a）电压和电流的向量；（b）功率三角形

φ——功率因数角。

功率因数角 φ 表示电流和电压之间的相位差，它的余弦 $\cos\varphi$ 表示有功功率与视在功率之比，称为功率因数。

由功率三角形可以看出，在有功功率一定的条件下，功率因数的高低与无功功率的大小有关，工业企业所需要的无功功率越大，其视在功率亦越大。因此，为满足用电的需要，必须增大供电线路和变压器的容量，这不仅增加供电投资，而且亦造成企业用电的浪费。

二、功率因数测量和计算

工业企业的功率因数随着用电负荷的变化和电压波动而变化，这一点对功率因数的测量和计算是十分重要的。功率因数分为自然功率因数、瞬时功率因数和加权平均功率因数。

1. 自然功率因数

自然功率因数是指用电设备没有安装无功补偿设备时的功率因数，或者说用电设备本身所具有的功率因数。

自然功率因数的高低主要取决于用电设备负荷的性质，如电阻性用电设备（白炽灯、电阻炉等）的功率因数就比较高，而电感性用电设备（荧光灯、异步电动机等）的功率因数就比较低。部分用电设备的自然功率因数范围如表 4-1 所示。

表 4-1 部分用电设备自然功率因数范围

用电设备名称	功率因数
异步电动机	0.7 ~ 0.8
电弧炉炼钢、熔解期间	0.8 ~ 0.85
冶炼有色金属、电弧炉	0.9
电解槽用整流设备	0.8 ~ 0.9
水泵、通风机、空压机等	0.8
中频或高频感应炉	0.7 ~ 0.8
铸造车间用电设备，球磨机	0.75
间歇式机械吊车	0.5
机床	0.4 ~ 0.7
荧光灯	0.5 ~ 0.6
电焊机	0.1 ~ 0.3

2. 瞬时功率因数

瞬时功率因数是指在某一瞬间由功率因数表读出的功率因数值。也可根据电压表、电流表和有功功率表在同一瞬间的读数经计算而确定。

瞬时功率因数是随着企业用电设备的类型、负荷的大小和电压的高低而时刻变化的。瞬时功率因数可以用来判断工矿企业所需要的无功功率数量是否稳定，以便在运行中采取相应的措施。

3. 加权平均功率因数

加权平均功率因数是指企业在一定时间段（一个工作班、一周或一个月等）内功率因数的加权平均值。对企业功率因数的考核通常是以一个月的加权平均功率因数进行的。

它是通过企业一个月内消耗的实用有功电量和实用无功电量计算而得，其计算公式为

$$\cos\varphi = \frac{W_p}{\sqrt{W_p^2 + W_Q^2}} = \frac{1}{\sqrt{1 + \left(\frac{W_Q}{W_p}\right)^2}} \tag{4-3}$$

式中　　W_p——月实用有功电量，kWh；

　　　　W_Q——月实用无功电量，kvar。

供电部门每月定时来企业考核月加权平均功率因数的大小，再与国家规定的平均功率因数值比较，从而决定对企业所交纳电费是奖励还是惩罚，并决定应采取的相应措施，以利于节约用电。

三、影响企业功率因数的因素

功率因数的高低与无功功率的大小有关。影响企业功率因数的主要原因有：

（1）电感性用电设备配套不合适或使用不合理，造成用电设备长期轻载或空载运行，使无功功率的消耗量增大。

（2）因大量采用电感性用电设备（如异步电动机、交流电焊机、感应电炉等）而消耗大量的无功功率。

（3）变压器的负荷率和年利用小时数过低，造成过多地消耗无功功率。

（4）线路中的无功功率损耗。高压输电线路的感抗值比电阻值大好几倍。如110kV线路的感抗值是电阻值的 2 ~ 2.5 倍，220kV 线路的感抗值是电阻值的 4.5 ~ 6 倍，因此，线路中的无功功率损耗是有功功率损耗的数倍。

（5）如无功功率补偿装置的容量不足，企业用电设备所消耗的无功功率就主要靠发电机供给，致使输变电设备的无功功率消耗量大。

四、提高功率因数的效益

（1）提高设备有功出力。由于有功功率 $P = S\cos\varphi$，当视在功率 S 一定时，如果提高功率因数 $\cos\varphi$，则 P 也随之增大，即提高了电气设备的有功出力。

（2）降低功率损耗和电能损失。三相交流配电线路中，功率损耗 ΔP 的计算公式为

$$\Delta P = 3I_{ph}^2 R = \frac{P^2 R}{U^2 \cos^2\varphi} \times 10^{-3} \quad (kW) \tag{4-4}$$

式中　　P——有功功率；

　　　　I_{ph}——某相导线通过的电流值；

　　　　R——导线和变压器的等值电阻；

　　　　U——线路电压。

在线路电压 U 和输送的有功功率 P 一定时，功率因数 $\cos\varphi$ 提高后，ΔP 将大大下降，使得在线路上和变压器中的功率损失下降。

（3）减少电力设备的投资。三相交流电路中某一相导线通过的电流值为

$$I_{ph} = \frac{P}{\sqrt{3}U\cos\varphi} \tag{4-5}$$

在有功功率 P 和电压 U 一定的情况下，提高功率因数，会减少线路中通过的电流，从而可以减少导线截面积，节约线路的投资。

由于 $S = P/\cos\varphi$，在有功功率 P 一定的情况下，提高功率因数会使得视在功率 S 变小，对于用电单位而言，在满足用电需要的情况下，减小了所需变压器的容量，也就降低了投资和损耗。

（4）减少电压损失，改善电压质量。在线路中电压损失 ΔU 的计算公式为

$$\Delta U = \frac{PR + QX}{U} \times 10^{-3} \quad (\text{kV}) \tag{4-6}$$

式中　P——有功功率；

　　　Q——无功功率；

　　　R——线路电阻值；

　　　X——线路电抗值；

　　　U——线路电压。

提高功率因数，即减少线路中的无功功率 Q，会使电压损失 ΔU 减少，从而改善电压质量。

总之，提高功率因数，能够使发、供电和用电等部门均得到明显的效益。

课题二　提高功率因数的方法

教学要求

掌握提高功率因数的方法。特别是提高自然功率因数的具体方法。提高功率因数，主要通过提高自然功率因数和进行人工无功补偿来实现。

一、提高自然功率因数

提高自然功率因数是指不用任何补偿设备，采用降低各用电设备所需的无功功率来提高功率因数的方法。它不需增加投资，是最经济的提高功率因数的方法。提高功率因数的方法具体如下：

1. 合理地选择和使用电动机

无功功率用于感应电动机励磁占电力系统总无功功率的 70% 左右，合理选用感应电动机，是提高自然功率因数的重要措施之一。感应电动机在不同负荷下的功率因数和效率大致如表 4-2 所示。

表 4-2　　　　　　　　　　电动机的负荷率与功率因数及效率的关系表

负荷率	空载	25%	50%	75%	100%
功率因数	0.2	0.5	0.77	0.85	0.80
效率	0	0.78	0.85	0.88	0.87

由表 4-2 可知，应保证电动机在 75% 以上的负荷状态下运行，尽量减少备用容量，否则不仅降低功率因数，增加电耗，而且也增加设备及供电系统的投资。

总之，在感应电动机的选择与使用中，应充分利用感应电动机功率因数曲线的特点，正确选择与使用，以提高负荷的自然功率因数。

2. 适当降低电动机运行电压

由异步电动机的无功功率与端电压的关系曲线可知，对于轻载运行电动机，可适当降低运行电压，以提高自然功率因数和节约电力、电能。降低运行电压的方式有两种：

（1）对于有专变供电的电动机，可改变变压器的分接开关，或加装专用自耦接触式调压器、旋转式感应调压器和补偿式调压器，以适当降低电动机供电电压。

（2）改变电动机内部接线。对于轻载电动机可将三角形接线改为星形接线（适用于负荷率为 40% 及以下）来降低电动机运行电压，提高自然功率因数及效率。

3. 安装空载自动断电装置

对于存在周期性空载运行的电动机，可安装空载自动断电装置，以控制电动机的空载损失。因为空载时电动机消耗的无功功率占额定负荷时所消耗的无功功率的 60% ~ 70%，所以，此办法可以使电动机的自然功率因数显著提高。

4. 提高电动机的检修质量

由于震动或弯曲，以及轴承的磨损或偏心，使电动机的气隙不均或过大，以及磁阻增大，导致电动机的无功功率需求量增加。因此，应定期检修电动机并提高检修质量。

电动机是运行费用大于成本费用的机械设备，必要时应淘汰旧电动机，更换为新电动机。

5. 合理选择与使用变压器

合理选择变压器的容量，低损耗变压器的最佳负荷率为 50%。及时切除空载变压器，减少变压器的空载损失。对变压器实行并联运行以及对并联运行的变压器根据其负荷变化的特点实行经济运行。根据电网运行电压情况及时调整变压器的分接开关，防止变压器过激磁。

6. 调整工艺生产过程，改善设备运行制度

如在生产工艺允许的条件下，将消耗无功大的设备安排在系统无功负荷低谷时运行。此外，由于系统电压是变化的，因此根据无功负荷的电压静特性，可将设备安排在消耗无功较小的电压曲线段运行。这些都是不花钱又能提高自然功率因数的有效办法。

7. 利用星形—三角形变换提高自然功率因数

对于三角形接法的轻载电动机可以改为星形接法，实行降压运行，以达到提高自然功率因数和节约电力的目的。但是，这种改接方法必须满足两个条件：

1）电动机必须具有在临界负荷率以下稳定运行的工作状态；

2）在大于临界负荷率区，应无星形接法稳定运行的工作状态。

当电动机长期处于临界负荷率 β_L 以下工作状态时，直接将电动机改为星形接法，其提高的功率因数和节电效果最为明显。当电动机处于轻载、重载两档运行时，采用三角形

—星形自动切换装置，可较好地提高功率因数而获得节电效果。

只有当电动机负荷率 β 小于 β_L 时，实行三角形—星形改接才有实际意义。由于电机极数不同，临界负荷率 β_L 就不同。现把部分电动机的临界负荷率列于表 4-3，供参考。

表 4-3 各极电动机的临界负荷率

极　　　数	2	4	6	8
临界负荷率 β_L（％）	31	33	36	49

实践证明，当电动机从空载至 30% 负荷变化时，由三角形变为星形运行，其效率和功率因数的提高都是十分显著的。

8. 采用电缆供电或减小架空线几何均距

在经济条件许可的情况下，采用电缆供电可提高自然功率因数。这是因为电缆线路的电抗为零，因而电缆供电没有无功损耗。此外，电缆线路的电容电流较大，有一定的无功补偿作用。减小架空线几何均距可以减小线路电抗，从而减少线路的无功损耗，达到提高自然功率因数的目的。

采用小截面多回路的供电方式，也可以减小线路电抗，从而减少线路无功损耗。

9. 均衡变压器负荷

对于多台变压器的用户，均衡各变压器负荷可以减少变压器阻抗中的无功损耗，因而提高负荷的自然功率因数。均衡变压器的负荷还有降低变压器有功损耗、改善电压质量等作用。与此相似，当有多回低压架空线平行架设时，将其改造为并联运行，亦可以减少有功损耗、无功损耗和电压损耗，同时还可以改善电压偏低时电动机的启动条件。

10. 停运空载变压器

变压器空载时的无功损耗为 $\dfrac{I_0\%}{100}S_N$。停运空载变压器可以减少无功损耗，提高自然功率因数。例如，某 $S_N = 100\text{kVA}$ 的变压器，$I_0\% = 2.5$，则停运空载变压器可节省 2.5kvar 无功功率，同时还可以节省有功损耗。

11. 调整负荷，实现均衡用电

供电电网负荷的大幅度变化，将增加供电设备的容量和线损。因为负荷曲线峰谷差大，则负荷曲线形状系数 K 值也大。根据计算电能损耗的等值功率法，在供电量相同的情况下，等效功率大，无功电能损耗也大。如果 $K = 1$ 时，无功线损为 100%，则当 $K = 1.05$ 时，线损增加 10%；当 $K = 1.1$ 时，线损增加 21%；当 $K = 1.2$ 时，线损增加 44%。因此，搞好调整负荷工作是降损节电的重要环节之一。在供用电管理工作中，应当重视负荷调整，实行高峰让电、限电，有计划地安排中午、后夜填谷负荷。

二、无功补偿

根据《供电营业规则》对功率因数的要求，仅仅依靠提高自然功率因数的方法，一般是不能满足的，用电单位还需装设无功补偿装置，对功率因数进行人工补偿。

课题三　无功功率的人工补偿

掌握电容器补偿无功功率的原理、原则、方式及其补偿容量的确定。了解并联电容器的接线方式及电容器组的投切控制。

一、电容器补偿无功功率原理

工矿企业的用电设备大部分是电感性的，这使得线路电流滞后于线路电压一个角度 φ，如图 4-2 所示。

以电压向量 $\dot{U}$ 为基准，建立直角坐标系。线路总电流 $\dot{I}$ 可以分解为有功电流 $\dot{I_a}$ 和无功电流 $\dot{I_r}$ 两个分量，且分别平行和垂直于电压向量，其中 $\dot{I_r}$ 是滞后于电压 $\dot{U}$ 90°的感性电流，若将一电容器连接进电网，则在电压 $\dot{U}$ 的作用下，产生超前电压 $\dot{U}$ 90°的容性电流 $\dot{I_c}$ 与滞后 $\dot{U}$ 90°的感性电流 $\dot{I_r}$，其相位差刚好是 180°。于是，容性电流 $\dot{I_c}$ 抵消了部分感性电流 $\dot{I_r}$，或者说一部分感性无功电流（无功功率）得到了补偿。由图 4-2 可以看到，接入电容器后，

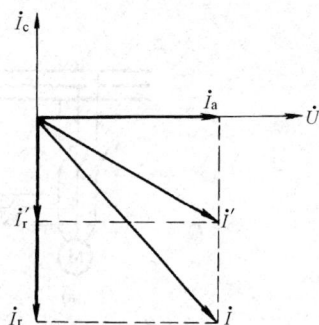

图 4-2　电容器补偿无功功率原理

新的线路电流 $\dot{I'}$ 和电压 $\dot{U}$ 的相位差 φ 较补偿前小，从而功率因数得到提高（$\cos\varphi' > \cos\varphi$）。如果补偿的电容电流 $\dot{I_c}$ 等于电感电流 $\dot{I_r}$，功率因数等于 1，这时无功功率全部由电容器供给，而电网只传输有功功率。

二、电容器补偿容量的确定

用电容器提高功率因数，可获得显著的经济效益。但是，电容性负荷过大，会引起电压的升高，带来不良影响。所以，应适当选择电容器的安装容量，通常电容器的补偿容量按下式确定

$$Q_c = P_{av}(\text{tg}\varphi_1 - \text{tg}\varphi_2) \tag{4-7}$$

式中　　Q_c——所需的补偿容量，kvar；

P_{av}——一年中最大负荷月份的平均有功负荷，kW；

$\text{tg}\varphi_1$、$\text{tg}\varphi_2$——补偿前、后平均功率因数的正切值。

对电动机等用电设备进行个别补偿时，应以空载时（补偿后）功率因数接近 1 为宜，以免因过补偿引起过电压而损坏电气绝缘。对于个别补偿的电动机，其补偿容量可用下式确定

$$Q_c = \sqrt{3}UI_0 \tag{4-8}$$

式中　Q_c——电动机所需的补偿容量，kvar；

　　　　U——电动机的电压，kV；

　　　　I_0——电动机的空载电流，A。

三、无功功率补偿原则与电容器补偿方式

为了提高企业无功功率补偿装置的经济效益，减少无功功率的流动，应尽量就地补偿，就地平衡，这就是无功补偿的原则。

并联电容器的补偿方式一般分为个别补偿、分组补偿和集中补偿三种。

1. 个别补偿法

个别补偿法广泛应用于低压网络。它将电容器直接接在用电设备附近，一般和用电设备合用一套开关，如图4-3（a）所示。个别补偿的优点是补偿效果好，缺点是电容器利用率低。当连续运行的用电设备所需补偿的无功功率容量较大时，采用个别补偿最为合适。

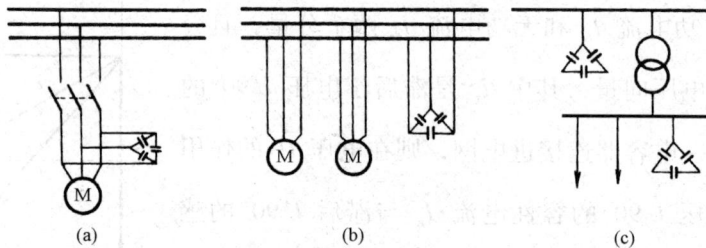

图 4-3　电容器补偿方式

（a）个别补偿法；（b）分组补偿法；（c）集中补偿法

2. 分组补偿法

分组补偿法是将电容器组分别安装在各车间配电盘的母线上，如图4-3（b）所示。这样配电变压器及变电所至车间的线路都可以得到补偿效果。分组补偿时的电容器组利用率比个别补偿时高，所需容量也比个别补偿少。

3. 集中补偿法

集中补偿法是将电容器组接在变电所（或配电所）的高压或低压母线上，如图4-3（c）所示。这种补偿方式的电容器组，利用率较高，但不能减少用户内部配电网络的无功负荷所引起的损耗。

四、并联电容器的接线方式

并联电容器组的接线方式通常分为三角形接线和星形接线两种（还有双三角形双星形接线方式）。采用何种接线方式，一般应根据并联电容器组的电压等级、容量大小和保护方式等来决定。根据国家标准 GB50053《10kV 及以下变电所设计规范》规定：高压电容器宜接成中性点不接地星形；容量较小时（指400kvar及以下）宜接成三角形。低压电容器组应接成三角形。

1. 三角形接线

在 10kV 的配电网中，当并联电容器的额定电压为 10.5kV 或 11kV 时，应采用三角形

接线并联在配电网上，使并联电容器得到充分利用。并联电容器的三角形接线方式如图4-4所示。

此种接线方式中，并联电容器的容量 Q_{cD} 为星形接线中容量 Q_{cy} 的 3 倍，这是由于 $Q_c = \omega C U^2$，而三角形接线时加在电容器 C 上的电压为星形接线时的 $\sqrt{3}$ 倍，即 $U_D = \sqrt{3}U_r$，因此 $Q_{cD} = 3Q_{cr}$。这就是说，相同的三个并联电容器，采用三角形接线的补偿容量为采用星形接线的补偿容量的 3 倍，充分发挥了它的补偿效果，是最经济合理的（此时并联电容器

图 4-4　并联电容器的三角形接线方式·

的额定电压与配电网的额定电压相同）。所以额定电压在 10kV 及以下的电网，应采用三角形接线。另外，当三角形接线中的任一相并联电容器断线时，三相配电线路仍能得到无功补偿。

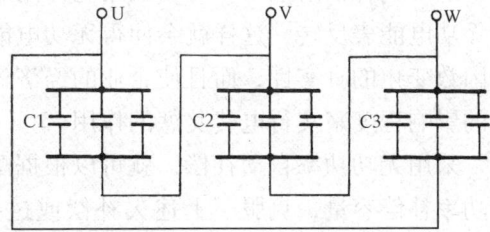

但三角形接线方式也存在不足，即并联电容器直接承受配电网的线电压。当任何一个并联电容器因故障被击穿而发生短路故障时，便形成两相短路，通过故障点的电流为相间短路电流，短路电流非常大，可能导致并联电容器油箱爆炸，威胁配电网的安全运行。所以，三角形接线多用于短路容量较小的工矿企业用户、变电所和配电线路中。

2. 星形接线

在 10kV 配电网中，如并联电容器的额定电压为 6.3kV 时，宜采用星形接线。星形接线方式如图 4-5 所示。

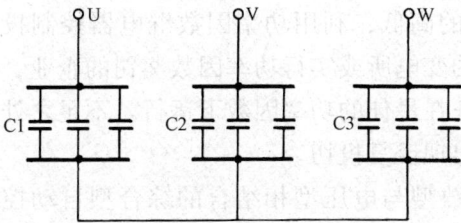

图 4-5　星形接线方式

由于星形接线的并联电容器承受的是相电压，所以当一台电容器被击穿而短路时，通过故障点的电流是额定相电流的 3 倍。如果采用每相两段串联的星形接线时，一台被击穿，则通过故障点的短路电流仅为 1.5 倍，运行就安全多了，所以星形接线能较好地防止并联电容器爆炸。另外星形接线的一相被击穿时，单台保护熔断丝使故障电容器断开后，不易造成相间短路，使其余并联电容器继续运行，进行无功补偿。

星形接线方式的不足是当一相并联电容器断线时，会造成该相失去补偿，引起三相不平衡。

五、电容器组投切控制

（一）电容器补偿的固定投切与自动投切比较

不能根据功率因数变化而自动控制并联电容器投切容量的固定式补偿装置，在企业无功功率补偿中存在不少弊病，这种补偿装置不可避免地容易造成欠补偿或过补偿。它为了克服高峰负荷时的欠补偿，就必须多装设补偿容量，这不仅增加投资，而且由于增大了补偿容量，在低谷负荷时必然产生过补偿，结果将造成企业用电户向配电系统倒送无功功

率，使系统电压升高，产生过电压，破坏供电质量，也威胁并联电容器和用电设备的安全。若将补偿容量装设在低谷负荷时，则到高峰时就会出现补偿的无功功率不足，即欠补偿，达不到补偿的效果。对于供用电部门来说，由于在欠补偿时无功电能表正转，过补偿时无功电能表反转，这样就会使得无功电能表累计总数值很小，这不仅掩盖了企业用户功率因数变化的真实性，而且使企业的经济核算不合理，也起不到国家按用户对功率因数变化的影响程度来实行电费奖惩的作用。

采用无功功率自动补偿，就可以根据配电系统中无功负荷的大小，自动及时地投切无功功率补偿容量，克服了上述欠补偿或过补偿所引起的不良后果。可使无功功率分布合理，充分发挥供、配电设备的供电能力，提高功率因数，降低线损，保证电能质量。因此无功功率的自动投切补偿得到越来越广泛的应用。

（二）并联电容器投切的自动控制方式

1. 高压并联电容器的自动控制方式

（1）高压型自动控制方式。根据配电系统电压的变化规律，来确定适当的电压整定值，自动投切并联电容器组的容量，以改善配电系统的电压质量。

（2）电流型自动控制方式。根据配电系统负荷电流的大小，自动投切一定数量的并联电容器组的容量。

（3）程序控制方式。根据一定的生产规律编制出并联电容器的投切程序，用时间切换器按固定程序进行投切并联电容器组的容量。这主要是利用由于企业变电所或企业负荷的变化有一定的规律性来实现的。

（4）无功功率自动控制方式。根据配电系统无功功率或无功电流的大小，投切并联电容器组的容量。

（5）功率因数自动控制方式。根据功率因数的高低，利用功率因数继电器控制投切的并联电容器组的容量。对于与配电系统相连接的变电所或实行功率因数奖罚的企业，宜采用按功率因数控制并联电容器组的投切，以保证在最佳的功率因数下运行。不足之处是当所需补偿容量小于一组电容器容量时，可能会出现反复投切。

（6）综合型自动控制方式。这是采用功率因数型与电压型相结合的综合型自动控制方式。它既能满足在功率因数或电压低于下限时自动投入并联电容器组的容量，又能在功率因数或电压超过上限时自动切除并联电容器组。

前三种自动控制方式的特点是结构简单，控制方便，但补偿的效果较差；后三种方式的结构虽然复杂，但补偿准确、经济、效果好，因而在企业中应用较广泛。

2. 低压并联电容器的自动控制方式

（1）时间型自动控制方式。对于一班制或两班制生产的企业，宜采用时间型的自动控制方式，按时间投入并联电容器的容量，在非生产时间全部切除并联电容器组。

（2）功率因数型自动控制方式。对于以提高功率因数、降损节电、减少电费开支和提高经济效益为目标的企业，宜采用此种自动控制方式。

小　结

由功率三角形可以看出，电流和电压之间的相位差 φ 的余弦（$\cos\varphi$）表示有功功率与视在功率之比，称为功率因数。在一定的有功功率下，功率因数的高低与无功功率的大小有关。

功率因数分为自然功率因数、瞬时功率因数和加权平均功率因数。加权平均功率因数是供电部门对电力用户考核的依据，一般以一个月为考核期，并据此对用户实行力率奖惩。

提高自然功率因数是指不用任何补偿设备，采用降低各用电设备所需的无功功率来提高功率因数的方法。它不需增加投资，是最经济的提高功率因数的方法。具体方法有：①合理选择和使用电动机；②适当降低电动机运行电压；③安装空载自动断电装置；④提高电动机的检修质量；⑤合理选择与使用变压器；⑥调整工艺生产过程，改善设备运行制度；⑦利用三角形—星形变换提高自然功率因数；⑧采用电缆供电或减少架空线几何均距；⑨均衡变压器负荷；⑩停运空载变压器；⑪调整负荷、实现均衡用电。

根据《供电营业规则》对功率因数的要求，仅仅依靠提高自然功率因数的方法，一般是不能满足要求的，用电单位还需装设无功功率补偿装置，对无功功率进行人工补偿。

工矿企业的用电设备大部分是感性的，一般采用并联电容器进行无功补偿，从而减少无功功率的流动，提高经济效益。

无功功率补偿的原则是就地补偿，就地平衡。补偿方式有个别补偿、分组补偿和集中补偿三种。

提高功率因数，能够使发电、供电和用电等部门均得到明显的效益，具体表现在：①提高了设备有功出力；②降低了功率损耗和电能损失；③减少了电力设备投资；④减少了电压损失，改善了电压质量。

习　题

4-1　试述功率因数的含义及分类。

4-2　影响企业功率因数的因素有哪些？

4-3　提高功率因数有什么效益？

4-4　提高自然功率因数的方法有哪些？

4-5　并联电容器的补偿方式有几种？各有什么优缺点？

4-6　某企业三班制生产，全年消耗有功电量 600×10^4 kWh，无功电量 480×10^4 kvarh，年最大负荷利用小时为 3400h，若将功率因数提高到 0.9，试计算在 10kV 的母线上应装设 BW10.5-30-1 型号的并联电容器多少只？

企业节电降损

内容提要

本单元主要介绍了我国能源开发利用的现状及节能技术发展方向，企业节电降损的意义、方法和途径，以及企业供配电损耗的计算方法。同时对各种节能降损的措施做了详细的介绍。

课题一 企业节电降损的意义

教学要求

了解我国当前能源开发利用及节能技术的现状，了解我国节能技术的近期发展方向和节能技术的展望，了解企业节电降损的方法、途径和意义，了解我国重点推广的节电措施，掌握电能利用率的概念。

一、当前我国能源开发利用的现状

能源是国民经济发展的基础资源，随着我国现代化建设的进展、科学技术的进步和生活水平的提高，对能源的需求也迅速增长，能源已成为制约我国国民经济建设的重要因素。在80年代，党和国家就十分重视能源资源的开发、利用和节约工作，提出了"开发与节约并重，近期把节约放在优先地位，大力开展以节能为中心的技术改造和结构改革"的能源工作方针。

贯彻国家能源工作方针以来，我国能源资源利用和节能降损已取得很大成绩，由于加强了管理，调整了经济结构和采取了节能技术等措施，使近2/3的产品能源单耗有所下降，农村用能源的开发及节约也有较大进展。但要看到，我国能源的供需矛盾仍然没有从根本上好转。虽然我国能源资源丰富，能源蕴藏量居世界第三位，但由于人口众多，人均能源占有量尚不到世界平均值的一半。能源产量也很低，在煤炭、原油、电这三种主要能源中，除煤炭人均产量接近世界水平外，原油和发电量均大大低于世界人均水平。另外，在我国能源低产量的同时，由于工艺装备陈旧，从业人员素质不高，未能合理和科学地使用能源，使我国的能源利用率很低，各种产品单位产量所耗能源（简称产品单耗）远远高于世界发达国家。我国能源利用率仅为30%，比国外先进水平约低20个百分点，80年代统计分析，我国每亿美元国民生产总值耗能比日本高3倍左右，比印度还高近1倍，总体上我国产品单耗比国外高30%～90%。可见，我国能源浪费严重，节能潜力很大。因此，节约能源是保护国家资源，缓解能源供需矛盾，降低企业成本，保护环境的重要措施，有必要动员全国人民节约能源。

二、我国节能技术现状及近期发展方向

随着我国节能法规的逐渐完善，我国节能工作已由过去的逐项突击形式转入了经常化、法规化和科学化的轨道。几年来，我国的节能工作取得了较好的成绩。由国家计委、经贸委和科委三个单位委托节能专委编写的四本《节能科技成果选编》，共选入682项节能科技成果。我国1982~1986年开发并公布了17批节能机电设备，推荐938种节能产品，并同时公布了600多种淘汰产品。

在节约能源方面，近期节能技术发展方向为电力工业要开发发展60万kW以上大功率、超临界压力机组，要求发电煤耗在300g标准煤/kWh以下；发展热电联产，改造现有中低冷凝机组为热电机组或大型机组；对现有20万kW、30万kW机组进行节能技术改造；发展500kV以上交、直流输变电系统，改造输电线路，降低电网线损；推广及开发抽水蓄能、冰蓄冷、高效蓄能电池等电网调峰技术；改造和更新电厂辅机，降低电厂用电率。推广各种节电技术，搞好各项节电工程，继续开发节能型机电设备，开发推广节能新材料及民用节能电器，研究开发新能源与可再生能源，包括太阳能、风力发电、地热能利用等。

三、节能技术的展望

目前，在世界范围内，正在研究开发的节能新技术有如下几种：

（1）超导电力应用技术。金属电阻随温度降低而变小，达到某种低温时，电阻减小到零，即呈现超导现象。超导体由于有良好的传导性能，在电力应用上具有显著的节能效果。现在，主要从发电、输电、电力储存及尖端发电技术四个方面研究开发。超导发电机与常规发电机相比，体积减少一半，质量减轻2/3，而效率可达99.5%。现在输电损失在10%以上，而超导电缆可做到基本无损失。用超导的蓄能技术，其储电效率可达90%，比其他储电技术高15%~40%。利用超导体产生的强大磁场，可应用于磁流体发电机和核聚变尖端发电技术上。

（2）高效蓄能电池。此电池主要用于电动汽车和电力调峰，为了保护环境，现在国际上正在大力开发电动汽车。目前，用于电动汽车的高效蓄电池，一次充电已可行200km；用于调峰的蓄电池功率达到1000kW，充电效率达90%~91%，同样体积的蓄电池，高效蓄能电池的蓄电量可为铅蓄电池的2~3倍。这些高效蓄电池也应用在风力发电与太阳能发电上。

（3）燃料电池。燃料电池的基本原理与一般电池相似，是将燃料氧化反应所释放的能量转换为电能。所不同的是，燃料电池是将燃料（氢气、天然气、石油气、煤制气）连续地输入负极，其通过电解质与连续地输入正极的氧化剂进行化学反应，转换成电能和热能。燃料电池电能转换效率可达50%。

（4）煤气化联合循环发电。煤气化生成燃料气，燃料气驱动燃气轮机，燃气轮机排烟气加热锅炉，产生蒸汽驱动汽轮机发电。目前国外已建、在建的煤气化联合循环发电厂有24个，新一代的煤气化联合循环发电厂供电效率可达43%~46%，我国也正在研究开发。

使用煤炭、原油、天然气这类常规石化能源给人类带来两大问题，首先是这类能源资源有限，终有一天要用尽；其次是石化燃料的利用，给人类赖以生存的环境带来污染。尤

其是 80 年代以来，为世人所关注。为了减小这两个压力，许多国家偏重于发展常规能源中的水电，也有许多国家把重点放在发展核电上。我国近年来也有这种趋向。

已知能源中，有两种资源浩大又不污染环境，即太阳能和核聚变。每年太阳投射到地球上的能量，相当现在世界总用能量的 1 万倍，但它密度很低，稳定性差，受晴、雨、日、夜、冬、夏的影响很大，技术上要过关还有一定的难度。核聚变是指原子核的聚变反应，这种反应是用氘、氚这些原子核比较轻的物质，在几亿度高温条件下进行的，故称"热核反应"。一般来说，1kg 轻核燃料发生聚变反应所放出的能量，要比 1kg 重核燃料大 10 倍。氘和氚主要从海水中提炼出来，1L 海水提炼出的氘所释放出的能量，相当于燃烧 300L 汽油所放出的能量。据估计，地球上海水可提供人类使用 1000 亿年的轻核燃料。

四、企业节电降损

节电降损就是通过采取技术上可行、经济上合理和对环境保护无妨碍的一切措施，以消除用电过程中的不合理和浪费现象，提高电力能源的有效利用程度，并实现电力供需的平衡。节电降损原则是我国实行电力开发与节约并重的发展能源工业的基本方针的重要体现。

节电降损是我国发展国民经济必须长期坚持的方针，节电的主要意义表现在以下几个方面：

（1）节约能源。通过广泛开展全民节电降损活动，积极推广一些行之有效的节电措施和典型经验，节约宝贵的能源，使有限的能源发挥更大的作用。

（2）节电也可看成是一种最经济的电源。节电可以少建电厂，因为用户节电投入的费用要比建同等容量电厂的投资少得多，同时还可相应地节约一部分建设电网的费用。节能也相应地节省了煤炭的消耗，减少了建设煤矿的投资和运煤的交通投资。节电不仅不会产生对环境的污染，而且还相应地减少了燃煤电厂脱硫脱硝的投资，因此，节约用电可看做是一种经济的电源。

（3）推动用电合理化，提高企业经济效益。一些企业用电管理差，技术装备落后，用电不合理，造成很大浪费。由于在工业产品成本中，电力消耗占有很大比重（平均约为 6% ~7%），因此，提倡节约用电和技术改造一方面可改善不合理的用电状况；另一方面又能降低产品成本，提高劳动生产率，从而提高企业经济效益。

（4）开展节电工作，是爱护资源、保护环境的需要。

（5）开展节电工作能加速设备的技术改造和工艺改革。

五、全国重点推广的节电技术措施

全国重点推广的节电技术措施共有 10 项：①高效节能灯；②风机、泵类节电技术；③电子节电技术；④蓄冷节电技术；⑤余能回收发电技术；⑥转移高峰电力措施；⑦变压器节电技术；⑧电动机节电技术；⑨电炉钢节电技术；⑩电加热节电技术。

六、企业节电降损的方法和途径

多年来，我国在企业节电降损方面积累了丰富的经验，工作中主要采用的方法有：

（1）节电降损是一项涉及面很广的社会工作，所以应充分利用一切手段和方法大力宣传节电降损的目的和意义。

（2）建立科学的耗电定额管理制度。定额管理是挖掘节电潜力的一项主要措施。

（3）节电降损是一项群众性的工作，必须充分发动广大群众，开展群众性的节电活动，调动社会上各方面的力量，为节电降损服务。为鼓励和调动广大群众开展节电降损的积极性，必须发挥经济杠杆的作用。对在节电工作中做出成绩和贡献的个人和集体应给予奖励；对浪费电能的个人和集体给予经济制裁，做到奖惩分明。

（4）电能管理人员对企业用电状况进行深入细致的调查研究，针对用电浪费和不合理现象采取有效措施。

（5）认真总结和推广各行各业创造和积累的节电降损的先进技术及先进经验。

节电降损的途径有：

（1）一项新技术和新材料的应用，往往能取得显著的节电效果，因此，必须重视新技术、新材料的应用。

（2）用电设备是电能的直接消耗者，改造陈旧高耗电的设备是节约用电的主要途径。

（3）生产工艺不仅对产品质量、数量有决定性的影响，而且关系到产品的单位耗电量，改革落后工艺可以大幅度地降低单耗。

（4）任何一个生产过程，客观上都存在着一个耗电量最少的最佳操作方法，因此改进操作工艺也是节约用电的一个有效途径。

（5）提高设备的检修质量，提高使用效率，减少传动摩擦损耗，可以取得显著的节电效果。

七、企业电能利用率

在电能做功的过程中，并不是全部的电能都做有用功，而是有一部分电能由于多种原因被无谓的损耗掉了。因此，电能的有效利用率不是100%，存在利用的效率问题，这就是电能利用率。

企业电能利用率 η_L 是指企业用电体系的有效利用电能与企业总输入电能（总耗电能）之比的百分数，其公式为

$$\eta_L = \frac{\sum W_{YX}}{W_{in}} \times 100\% \tag{5-1}$$

式中　η_L——电能利用率，%；

　$\sum W_{YX}$——全部有效电能量，kWh；

　W_{in}——电能总输入量，kWh。

企业生产中全部利用的有效电能（或有功功率）是指用电过程中，为达到特定的生产工艺要求在理论上必须消耗的电能量（相当于产品的理论电耗）。对单一产品的企业来说，电能利用率是产品理论电耗与实际电耗之比。

【例5-1】　电解烧碱的理论电耗为1542kWh/t，设一个月生产烧碱400t，电能总耗为1542000kWh，试计算其电能利用率。

解　$\eta_L = \dfrac{\sum W_{YX}}{W_{in}} \times 100\% = \dfrac{1542 \times 400}{1542000} \times 100\% = 40\%$

课题二 企业供配电损耗及降损措施

掌握各种损耗电量的计算方法，了解降低线路和变压器损耗的技术措施。

企业从电网获得电能，经降压后分配到用电车间、工段或用电设备，从而构成企业内部供配电系统，它由高压及低压配电线路、变（配）电所和用电设备组成。通常中、大型工矿企业均设有将 35～110kV 电压降为 6～10kV 电压的变电所，用以向车间变电所或高压电动机和其他用电设备供电。

在企业内电能输送和分配过程中，电流经过线路和变压器等设备时，将会产生电能损耗和功率损耗，这些损耗称为供配电损耗，简称线损，其损耗电能（功率损耗）占输入电能（输入功率）的百分比，称为线路损失率，简称线损率。企业内部功率损耗和电能损耗受线路长短、导线规格型号、变压器容量以及负荷变化等因素的影响。

线损率的高低直接反映了企业电力网络输送分配电能的效率，因此，线损率是一项重要的技术经济指标，降低线损是企业节约电能、提高经济效益的重要途径之一。

一、线路损耗电量的计算

1. 线路损耗

当电流通过三相供电线路时，线路导线电阻上的功率损耗为

$$\Delta P = 3I^2 R \times 10^{-3} \tag{5-2}$$

式中 ΔP——线路电阻功率损耗，kW；

$\quad\quad I$——线路的相电流，A；

$\quad\quad R$——线路每相导线的电阻，Ω。

若通过线路的电流是恒定不变的，式（5-2）的功率损耗乘上通过电流的时间就是电能损耗（损耗电量）。由于通过线路的电流是变化的，要计算某一时间段（一个代表日）内线路电阻的损耗电量，必须掌握电流随时间变化的规律。通常近似认为每小时内电流不变，则一个代表日内 24h 代表电流为 I_1，I_2，$\cdots$，I_{24}，全日线路损耗电量为

$$\Delta W = 3 \left(I_1^2 + I_2^2 + \cdots + I_{24}^2 \right) R \times 10^{-3}$$

$$= 3 I_{jf}^2 R \times 24 \times 10^{-3} \tag{5-3}$$

式中 ΔW——全天线路损耗电量，kWh；

$\quad\quad I_{jf}$——线路代表日均方根电流，A。

其中

$$I_{jf} = \sqrt{\frac{I_1^2 + I_2^2 + \cdots + I_{24}^2}{24}} \tag{5-4}$$

如果测定的负荷数据是有功功率和无功功率，则因

$$3I^2 = \frac{P^2 + Q^2}{U^2}$$

所以

$$3I_{jf}^2 = \frac{1}{24}\sum_{i=1}^{24}\frac{P_i^2 + Q_i^2}{U_i^2} \tag{5-5}$$

式中　P_i——第 i 小时的有功功率，kW；

　　　Q_i——第 i 小时的无功功率，kvar；

　　　U_i——第 i 小时的电压值，kV。

2. 电缆线路损耗

电缆线路的电能损耗主要包括导体电阻损耗、介质损耗、铅包损耗和钢铠损耗四部分。电缆的钢带、铅包及钢丝铠装的涡流损耗、敷设方法、土壤或水底温度以及集肤效应和邻近效应等对电缆的可变电能损耗都有影响，故计算电缆线路的电能损耗是很复杂的。一般情况下，介质损耗约为导体电阻损耗的 1% ~ 3%；铅包损耗约为 1.5%；钢铠损耗在三芯电缆中，如导线截面不大于 185mm^2，可忽略不计。电力电缆的电阻损耗，一般根据产品目录提供的交流电阻数据进行电能损耗的计算，计算公式如下

$$\Delta W = 3I_{jf}^2 r_0 L \times 24 \times 10^{-3} \tag{5-6}$$

式中　r_0——电力电缆线路每相导体单位长度的电阻值，Ω/km；

　　　L——电力电缆线路长度，km。

二、电力电容器损耗

电力电容器的损耗主要是介质损耗，可根据制造厂提供的绝缘介质损失角 δ 的正切值计算电能损耗，公式如下

$$\Delta W = Q_c \text{tg}\delta \times 24 \tag{5-7}$$

式中　Q_c——电力电容器的容量，kvar；

　　　δ——绝缘介质损失角，国产电力电容器 $\text{tg}\delta$ 可取 0.004。

三、变压器损耗电量计算

变压器的有功功率损耗可分为铁芯损耗和绕组损耗两部分。通常，变压器的空载损耗指铁损，短路损耗指绕组损耗，或称铜损。

变压器损耗电量的计算公式如下

$$\Delta W = \Delta W_{ti} + \Delta W_{t0} = \left[\Delta P_0 + \Delta P_k \left(\frac{I_{jf}}{I_n}\right)^2\right] \times 24 \tag{5-8}$$

式中　ΔW_{ti}——变压器铁芯的日损耗电量，kWh；

　　　ΔW_{t0}——变压器绕组的日损耗电量，kWh；

　　　ΔP_0——变压器空载损耗功率，kW；

ΔP_k——变压器短路损耗功率，kW；

I_n——变压器额定电流，A；

I_{jf}——变压器日均方根电流，A。

其中，ΔP_0、ΔP_k 可根据变压器制造厂提供的资料查得。

【例 5-2】 某企业降压变电所内装设一台 SFL1-20000/110 型变压器，电压为 110/11kV，高压侧额定电流为 105A，其中，$\Delta P_0 = 22kW$，$\Delta P_k = 135kW$，代表日实测负荷电流（按实测时间顺序）为 40、40、40、40、40、50、50、60、60、60、60、55、55、60、65、65、70、70、70、70、70、60、50、40A，试计算变压器全月的线损 ΔW。

解 （1）计算变压器高压侧的日均方根电流

$$I_{jf} = \sqrt{\frac{\sum\limits_{i=1}^{24} I_i^2}{24}} = \sqrt{\frac{40^2 \times 6 + 50^2 \times 3 + 55^2 \times 2 + 60^2 \times 6 + 65^2 \times 2 + 70^2 \times 5}{24}} = 56.9(A)$$

（2）计算变压器全月的线损

$$\Delta W = \left[\Delta P_0 + \Delta P_k \left(\frac{I_{jf}}{I_n} \right)^2 \right] \times 24 \times 30$$

$$= \left[22 + 135 \left(\frac{56.9}{105} \right)^2 \right] \times 24 \times 30 = 44383.8 \ (kWh)$$

四、降低线路和变压器损耗的技术措施

（一）降低线路损耗的技术措施

企业为更好地使用电能，应采取各种行之有效的措施来降低线损，积极地开展节电降损工作。一般供配电系统的线损分为管理线损和技术线损。

技术线损主要通过各种技术措施来降低损耗。目前企业采取的降损技术措施主要包括：配电网升压改造、提高运行电压、提高功率因数、合理调整负荷、提高负荷率和确定电网经济合理的运行方式等。

1. 企业配电网技术改造

（1）配电网升压改造。随着企业的不断发展，配电线路的输送能力不断增加，常出现超负荷运行的情况，线损也大幅度增加。因此，在线路条件不变的情况下，提高电压等级是降低线损的有效措施，一方面改变了电流大小；另一方面也提高了线路的输送容量，达到降低线损的目的。表 5-1 说明了升压的降损效果。

表 5-1 　　　　　　　　　　配电网升压的降损效果

升压前电网原额定电压（kV）	升压后电网额定电压（kV）	升压后线损降低百分数（%）	升压前电网原额定电压（kV）	升压后电网额定电压（kV）	升压后线损降低百分数（%）
110	220	75	6	10	64
35	110	90	0.22	0.38	66.4
10	35	91.8			

（2）增大导线截面积。从线损表达式 $\Delta W = \dfrac{S^2}{U^2} Rt$ 不难看出，在相同的条件下，导线

的电阻愈大，则线损 ΔW 也愈大，因此，适当增大配电线路导线截面，也是降低线损的有效措施。

2. 合理确定电网经济运行方式

环形电网有两种运行方式，一种是合环运行，一种是开环运行。采用哪种运行方式经济合理，这取决于电网是否均一。当电网的导线截面相等，材料相同，线间几何均距相等，即各线段的 X/R 为常数时，称为均一电网，反之，为非均一电网。在一般情况下，从降低线损和增强供电可靠性的角度来考虑，对均一配电网采用合环运行比较经济合理；对非均一配电网则采用开环运行比较经济合理，因为合环运行时，会出现循环电流，使线损增加。

3. 合理调整运行电压

电网的功率损耗与运行的电压平方成反比，通常在允许范围内，适当提高运行电压，既可提高电能质量，又可降低线路中电流，降低线损。

提高运行电压与降低线路损耗的关系如表 5-2 所示。

表 5-2 提高运行电压与降低线损的关系

电压提高（%）	1	3	5	10	15	20
线损降低（%）	1.93	5.74	9.09	17.35	24.39	30.5

4. 提高功率因数，减少输送的无功功率

当实际功率因数为 $\cos\varphi$ 时，提高功率因数与降低功率损耗的关系可按下式计算

$$\delta p = \left[1 - \left(\frac{\cos\varphi_1}{\cos\varphi_2} \right)^2 \right] \times 100\% \tag{5-9}$$

式中　δp——降低功率损耗的百分数；

$\cos\varphi_1$——原功率因数；

$\cos\varphi_2$——提高后的功率因数。

表 5-3 表明了功率因数的提高对降低功率损耗的影响。

表 5-3 功率因数与功率损耗的关系

功率因数	0.6	0.65	0.7	0.75	0.8	0.85	0.95
功率损耗（%）	60	53	46	38	29	20	10

5. 合理调整负荷，提高负荷率

用电负荷波动幅度与线路损耗功率有密切关系。在相同的用电条件下，用电负荷平稳，损耗电量就小；用电负荷波动幅度大，线路损耗电量就大。

6. 合理安排设备检修

具有技术上可行、经济上合理的接线方式，是保证配电网正常运行的重要条件。如遇设备检修，将改变配电网的接线方式，造成线损电量大大增加，同时还会降低运行的供电可靠性。因此，加强设备检修的计划性，合理安排设备检修，尽量缩短检修时间和尽量带电检修是重要的降损措施。

（二）降低变压器损耗的技术措施

在配电系统中变压器的损耗一般大于配电系统总损耗的 30%，最大可占总损耗的 70%，显然降低运行变压器的损耗是一项重要的降损节电措施。

1. 变压器经济运行

变压器的损耗最小、效率最高的运行状态，称为变压器的经济运行。为此，应掌握变压器的容量，做好用电负荷的调查和组织工作，运行后把用电负荷调整到最佳的数值（经济负荷）。一般情况下，单台变压器的经济负荷在变压器额定容量的 50% ~ 70% 之间。

变压器经济运行的具体措施如下：

（1）合理选择变压器的类型。一般变电所，应优先选择 SL7、S7、S9 等系列低损耗油浸式变压器。

（2）合理选择变压器的容量。变压器的容量是根据计算最大负荷来选择的，但实际工作中，多数配电变压器常常处于轻负荷运行状态，造成配电变压器的损耗在配电系统的总损耗中占的比重加大。计算结果表明，配电变压器一般在 40% ~ 70% 额定容量下运行时的损耗最小，功率因数和效率最高。因此，合理选择配电变压器的容量，使其处于经济负荷的运行状态，可减少电能损耗。

（3）及时停用轻载或空载配电变压器。工厂的电力负荷是经常变化的，如部分设备停机、检修设备停机、夜班、厂休及节假日设备停机等，都将造成配电变压器轻载或空载运行状态，引起变压器功率因数降低，线损增大。所以合理地调整变压器投入运行台数，及时停用轻载或空载变压器是有利于提高功率因数、节约电能的有效措施，但要注意进行节电效果的经济比较。

2. 变压器技术改造

（1）更换过载变压器。如果变压器常处于过载运行状态，将会使其效率降低，增大线损。根据国家规定，企业应及时更换变压器，以降低线损节电。

（2）采用高效率低损耗变压器。由于很多企业仍在使用按过去的条件和规模设置的符合过去生产的各种类型的变压器，而随着企业的发展，时代的前进，这些长期使用的老型号变压器，已变得陈旧或运行效率低。如果现在仍然使用将造成电能的大量浪费和产生较高的线损，因此企业应根据国家规定，加速改造和更换这些高耗能变压器，改用符合国家技术标准的低损耗、高效率的变压器。

（3）采用变容量变压器。对于有明显季节性的用电负荷，如农业用电负荷，变压器是按全年高峰季节负荷选择容量的，因此，高峰季节过后，变压器便经常处于轻载状态，使线损增大。若采用变容量变压器，通过改变接线方式即可达到变换容量，从而适应了负荷的变化，这是减少电能损耗的有效措施。目前，有串—并联型变容量变压器和星形—三角形变容量变压器两种。

选用变容量变压器时，以最大负荷不超过其额定容量，经常负荷不超过其额定容量的 $\frac{1}{4}$ 为宜。

课题三 企业典型用电设备的损耗及降损措施

教学要求

了解电动机、泵、风机的功率分布情况及电光源的基本类型和特点，掌握电动机、泵、风机及电气照明的节电措施，了解电子节电技术，蓄冷节电技术及余能回收发电技术的概念。

一、电动机节电降损

在工矿企业的诸多用电设备中，如变压器、电动机、电炉、整流设备等，电动机所占比重最大，它将电能转换为机械能用来做功。据资料统计，企业中这种将电能转化为机械能所消耗的电能约占整个用电负荷的 60% 以上，且绝大多数是异步电动机。

电动机的节电就目前情况来看，要通过设计使电动机的运行效率提高百分之几相当困难。只有在保证电动机输出一定机械功率的前提下，尽量减少电动机在功率传递和转换过程中的有功损耗，提高电动机的功率因数和效率，加强管理，才能达到节电的目的。

（一）电动机功率损耗

电动机在将电能转换为机械能做功的过程中，产生的功率损耗包括有功功率损耗和无功功率损耗两部分。这种损耗将导致电动机功率因数和效率的降低，功率消耗增加。

各种不同类型电动机的有功功率损耗包括定子绕组和转子绕组的铜损耗、铁芯损耗、杂散损耗和机械损耗。各种损耗所占的比例，视电动机容量和结构的不同而有所差异。

（1）定子绕组的铜损耗 ΔP_{t01}。当电流通过电动机定子绕组时，在定子绕组的电阻 r_1 上产生铜损耗，它的大小与定子电流 I_1 的平方成正比。

（2）转子绕组铜损耗 ΔP_{t02}。当电流通过电动机转子绕组时，在转子绕组的电阻 r_2 上产生铜损耗，它的大小与转子电流 I_2 的平方成正比。

上述定子绕组和转子绕组的铜损耗与绕组中流过的电流大小有关，所以也称可变损耗。

（3）电动机的铁芯损耗 ΔP_{TI}。电动机因建立交变磁场而在定子、转子铁芯中产生的铁芯损耗包括涡流损耗和磁滞损耗。当电动机电压恒定，频率一定时，电动机的磁通和磁通密度保持不变，即电动机的铁芯损耗与磁通密度成正比。

因电动机的铁芯损耗不随负荷电流的变化而变化，所以也称不变损耗或固定损耗。

电动机铁芯损耗与电源电压的平方成正比。当电源电压一定时，铁芯损耗与负荷变化无关。

（4）杂散损耗 ΔP_{zs}。电动机的杂散损耗主要由绕组的杂散损耗和铁芯的杂散损耗所组成。

（5）机械损耗 ΔP_{jx}。电动机的机械损耗包括轴承传动产生的摩擦损耗和风扇转动产生的风阻损耗等。这些机械损耗虽然不受电动机负荷变化的直接影响而变化，但随电动机转速的变化而变化，转速越大，机械损耗越大。

电动机的总功率损耗计算公式为

$$\Delta P = \Delta P_{\text{to1}} + \Delta P_{\text{to2}} + \Delta P_{\text{TI}} + \Delta P_{\text{zs}} + \Delta P_{\text{jx}} \tag{5-10}$$

（二）电动机节电措施及运行管理方法

1. 电动机节电措施

为提高电动机的功率因数和效率，使电动机能真正达到经济运行和节电的目的，可适当采取以下各项措施。

（1）正确选择电动机。电动机选择的正确与否，直接关系到初次投资和运行的安全可靠性、经济性以及操作维护的方便性。若选择不当，轻者造成电能浪费，重者可能烧坏电动机，因此，正确选择电动机是十分重要的，它也是电动机节电降损的首要条件。在选择电动机时，应考虑以下几方面：

1）电动机的机械特性和调整性能应适合生产机械的要求；

2）电动机的容量足以拖动以最大出力工作的生产机械而不会发热；

3）电动机应有足够的过载能力和起动转矩；

4）电动机的冷却方式和外形应能适合工作环境的要求；

5）电动机的运行经济性是节电的。

（2）电动机采用调速运行。对异步电动机采用调速运行，可以使电动机的运行效率大大提高。企业可以根据被拖动机械负荷的具体情况，采用不同的调速方式来提高电动机的效率，达到节电目的。如风机和泵输出的风量和流量与电动机的转速 n 成正比，而其消耗的功率则与 n^3 成正比，因此，在满足需要的输出量时，通过调速适当降低电动机的转速可显著地节电。

异步电动机的调速方法可归纳为改变定子极对数、改变电源频率及改变转差率三种。

（3）改善电动机功率因数。异步电动机是感性负荷，功率因数低。在异步电动机满载时，功率因数为 $0.7 \sim 0.9$，无功电流占额定电流的 $40\% \sim 70\%$，这不仅影响了电源容量的利用率，而且无功电流在电动机与电源间交换的过程中，还会在电源与输电线上造成电能的损耗。所以改善异步电动机的功率因数是企业节电的一个重要方面。改善的方法有两种，一种是利用并联电容器对异步电动机的功率因数进行补偿；另一种是提高异步电动机本身的自然功率因数，如在轻载时采用降低定子端电压，即利用三角形—星形转换的方法。

（4）电动机调压节电，改善轻载运行。企业中广泛使用的异步电动机，容量普遍偏大，故经常处于轻载运行状态，或电动机所带负荷经常发生变化，因此，对于此类负荷，可通过降低电动机电源电压或改变电动机内部接线的方式（如三角形—星形转换），达到节电目的。

（5）推广应用节能型电动机。企业大量使用着电动机，但原来老型号的电动机存在耗能高、效率低、温升高、过载能力小等缺陷，浪费电能严重。为了节约用电，提高电动机的运行效率，应尽可能应用节能型电动机。我国目前研制生产的 Y 系列、YX 系列交流电动机，从设计、选材及制造工艺等方面均应用了许多节电措施。Y 系列交流异步电动机的效率与老型号的 JO2 系列电动机的效率相比，有了很大的提高，也有效地节约了电能。

2. 电动机运行管理方法

加强管理是实现电动机经济运行和节约用电的另一个重要措施，电动机运行管理方法主要有如下几个方面：

(1) 电压管理，保证电动机的供电电压不要偏高。

(2) 防止电动机空载运行，及时将其停止运行。

(3) 定期维护电动机。若不经常进行检查和检修，将会造成损耗的增加和发生故障，所以必须经常进行日常检查、定期加油和定期检修保养。

(4) 提高检修质量，检修后要做性能试验，防止由于检修质量不良而造成电动机损耗的增加。

(5) 提高运行人员的使用、操作和管理水平，加强节约用电教育。

(三) 电动机的节能改造

电动机节能改造的根本目的在于减少各项损耗。常用的改造措施有采用磁性槽泥或槽楔、采用新型节能风扇、绕组改接等。现分述如下

1. 采用磁性槽泥或槽楔改造低效电动机

电动机旋转时会周而复始地发生振荡，产生脉振铁耗。另外，齿部表面的磁通在齿面扫动时会产生表面铁耗，它的本质是高频涡流损耗和磁滞损耗使铁心发热，温度升高。这种空载附加损耗占电机额定容量的 0.5% ~ 2.3%。

应用磁性槽泥（低压中、小功率电动机）和磁性槽楔（高压大功率电动机）对异步电动机进行节能改造，主要是消灭由电动机定子、转子的槽齿效应产生的高频涡流损耗和磁滞损耗，从而起到节能的作用。

用磁性槽泥填平电动机定子铁芯槽口，以磁性槽泥代替原有的绝缘槽楔，可减少定子、转子间磁阻的反复变化，亦即可平伏磁通密度的脉振，减少齿簇磁通的扫描，以减少其空载附加损耗。磁性槽泥又使定子、转子间有效气隙减小，即使气隙磁阻减小，磁导率增大，从而减小电动机励磁电流，减小了无功功率和空载铜损耗。

低压异步电动机的定子多采用闭口槽或半闭口槽；高压异步电动机的定子多采用开口槽或半开口槽。由于定子开槽，使电动机气隙磁阻发生变化，从而使主磁场和谐波磁场产生较大的脉振损耗和表面损耗，使电动机的杂散损耗增加。而当采用磁性槽楔或槽泥对定子槽口进行磁封时，便可减少气隙中磁场脉动的幅值，使电动机的杂散损耗减少。

实践证明，采用磁性槽泥或磁性槽楔对旧式电动机进行改造，其节能效果显著。由于气隙磁势波形的改善，从而减少了空载电流，改善了功率因数，降低了铁耗，抑制了温升，并减少了电磁噪声、振动，延长了电动机的使用寿命。

2. 采用新型节能风扇

目前全封闭外扇冷式异步电动机的外风扇正、反转都可用，且大都采用叶片径向分布的盆式风扇。因此，它除了产生机械损失（轴承的摩擦损失、风扇叶轮的风摩损失）外，旋涡与脱流引起的流动损失及泄漏引起的容积损失也很大，并且风扇的圆周速度越大，这种现象越严重，一般不可能大幅度改善，加之风罩形状与风扇配合不当，造成局部涡流损

失加大，使风扇的效率更低。为此，要大幅度提高风扇效率，应采用单方向旋转的风扇，如轴流式或后倾叶式的离心风扇，使叶片间的流道与主气流的形状较匹配。另外，再配以合适形状的风罩，就可以使这两项主要损耗显著降低。

3. 电动机绕组改接

通过改进电动机的绕组形式，可减少电动机的杂散损耗与铜损，提高电动机的效率。合适的绕组形式及槽配合，能够削弱电动机的高次谐波，提高基波分布系数和绕组利用率，改善电动机的电磁性能，从而达到减少部分附加损耗、有功损耗的目的。实践中，采用以下方法对电动机绕组进行改造，可收到较好的节电效果。

（1）改同心绕组为等距链形绕组或叉式链形绕组。将原同心绕组改为等距或叉形链式绕组后，由于其平均跨距比同心式绕组小，所用导线少，导线的有功损耗也就小，而导线把端部长度缩短后，漏磁场影响亦减小，因此，其杂散损耗亦相应减少。

（2）改单层绕组为双层绕组。因双层绕组产生的磁势波形比单层绕组产生的磁势波形更接近于正弦波，其产生的杂散损耗也就比单层绕组小，且改造后电动机的电磁性能、起动性能都比单层绕组电动机有所提高，故可将单层绕组的电动机改为双层绕组的电动机，以达到降低损耗之目的。

（3）缩小定子绕组端部长度。定子绕组端部损耗占电动机绕组总损耗的25%～50%。因此，减少绕组端部长度，既可节约铜材，又可降低定子铜损。据测试，定子绕组端部长度每减少20%，电动机效率可提高1.5%，为此，在设计绕线模时，应尽可能使绕线模端部尺寸短一些。

4. 定子绕组重绕

对于老电机产品，定子线圈重绕时，如按导线总截面积不变的原则去选择代用导线，由于槽内绝缘变薄，会使槽满率大大降低，虽然嵌线容易，但会带来不良后果。因此，老电机定子重绕时，应加粗导线线径。由于电阻减小，使得铜损降低，经计算，加粗导线后，电机效率可提高1.5%～4%。因此，节电的收益也很可观，潜力不小。

二、泵与风机的节电降损

泵与风机在国民经济各部门的用电设备中占有重要的比重，它们被广泛地应用于冶金、化工、纺织、石油、煤炭、电力、国防、轻工和农业等生产部门，并越来越多地进入到人们的家庭中去。泵是抽吸液体、输送液体和使液体增加压力的机械设备，是一种转换能量的设备机构。风机是输送气体的设备，是一种把原动机的机械能转换为气体的动能与压力能的机械设备。

泵与风机的耗电量是非常大的，年耗电量约占全国总用电量的 $\frac{1}{3}$，占工业用电量的45%左右。

目前在泵与风机的使用中，存在着浪费电能的现象，主要表现为设备陈旧，使得本身的效率比较低；设备选型不当，实际工作负荷偏离额定值，导致运行效率低；调节流量的方法、方式不当，导致功率损耗很大；变速调节流量的新技术推广不力；输送管道装配不合理，致使管道阻力大及管理不善，造成运行时的能量损耗大等。据此，泵与风机的节电潜力很大。

1. 泵与风机能量损耗

泵与风机的能量损耗主要包括机械损耗、容积损耗、流动损耗和管路阻力损耗等。

（1）机械损耗。机械损耗是指泵与风机在运行中，轴与轴封、轴与轴承及叶轮圆盘与流体的摩擦等两部分损耗的功率或电能，在此主要是圆盘摩擦损耗。

（2）容积损耗。在泵与风机的叶轮与入口处的密封环之间有一定的间隙，当叶轮转动时，由于叶轮出口处是高压，入口处是低压，因此，在间隙两侧产生了压力差，使部分已在叶轮中获得能量的液体从高压侧（出口处）通过间隙向低压侧泄漏。虽然这部分泄漏的液体只在泵或风机内部循环而未输出，但却要消耗能量，使泵与风机的压力和流量下降，效率降低。这种由于压力差引起液体泄漏而造成的能量损耗称泄漏损耗或容积损耗。

（3）流动损耗。流经泵与风机的流体具有一定的黏性，其产生的能量损耗，称流动损耗。它包括摩擦损耗和撞击损耗。摩擦损耗即流体与流道壁面摩擦及流体内部摩擦产生的损耗，它与流量的平方成正比。撞击损耗是当流体进入叶轮工作时，相对速度的大小和方向都要变化，并且与叶片进口切线方向不一致，产生撞击损耗。发生撞击的强度越大，其撞击损耗也越大。

（4）管路阻力损耗。具有固有黏滞性的流体在泵与风机管路内的流动过程中，因受到阻力而产生的损耗称管路阻力损耗。管路阻力损耗分为沿程阻力损耗和局部阻力损耗。

2. 泵与风机的节电措施

企业目前使用的泵与风机效率都不太高，因此节电潜力很大，主要有如下措施。

（1）合理选型。企业正确、合理地选用泵与风机，是保证安全、经济运行的先决条件。选择的内容主要有确定泵与风机的型号、台数、规格、转速及与之配套的电动机的容量。

（2）泵与风机改造。当泵与风机工作在其设计工况附近时，效率较高。但由于额定负载或管道阻力等因素的变化，常会使泵与风机的容量过大或过小。容量过大时，会引起调节时的节流损失；过小时，又不能满足负荷的需要。为此，需对已有的泵与风机进行改造，以利节能。

泵与风机的改造主要是改变叶片的长度、宽度及所用的材料，切割叶轮的外径，改变转速，改变泵与风机的级数，改进和加装防尘装置等，使泵与风机的各项损耗降低，使它们的容量与所需容量相匹配，从而达到提高效率和节能的目的。

（3）减少管路阻力。对结构不合理的管道进行改造，如对弯头、扩散管等不合理结构进行适当改造，可降低管路阻力，达到节电目的。

（4）将低效率的泵与风机更换成高效率的泵与风机。对一些性能落后、使用时间长的泵与风机可考虑更换成新型高效的泵与风机，以达到节电的目的。

（5）离心式水泵取消底阀。离心式水泵取消安装在进水管底端的单向阀门，采用射流器抽真空自吸上水，可以增加抽水量，减少水力损失，提高效率，一般可节电 3% ~6% 。

（6）可变流量（风量）控制。企业生产过程中，有些泵与风机的流量（风量）随时都在变化着，如果能够掌握其变化的规律，合理控制流量（风量），采取调速控制的方法，可改善节电的效果。

（7）降低或减少泵与风机的运转时间。根据实际情况适当控制电动机的开、停时间，达到节电的目的。

（8）加强管理节电。在泵与风机的使用中，加强负荷管理，避免管道的跑、冒、滴、漏，达到节电的目的。

三、电气照明的节电降损

电气照明是最先进的现代照明方式，它是由电能转化为光能而发出光亮。电气照明灯具，包括电光源和照明器具两个部分。电光源指发光的器件，如灯泡和灯管等，器具指包括引线、灯头、插座、灯罩、补偿器、控制器等等，照明节电与整个照明灯具的选择、安装和使用都有直接的关系。

照明电光源的分类方式有多种，按电光转换机理来分，有两种：一种是热辐射光源，另一种是气体放电光源，如图 5-1 所示。

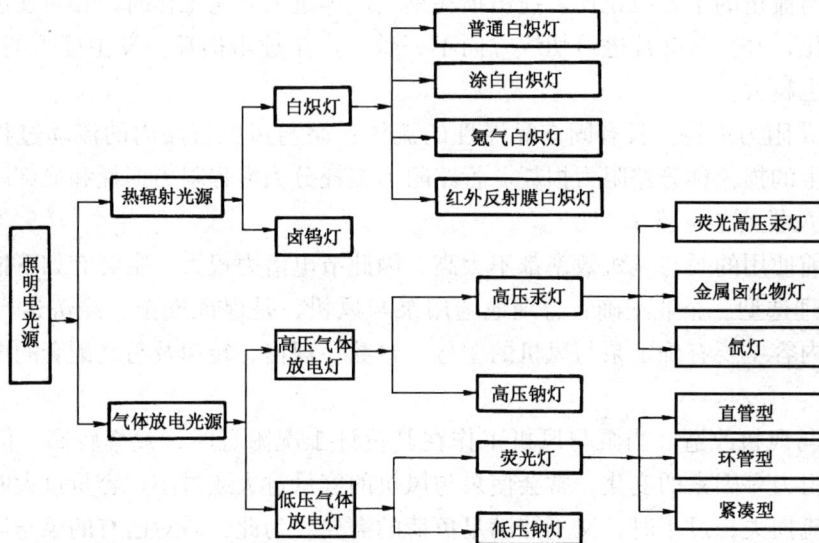

图 5-1 照明电光源电光转换分类图

（一）电光源的基本类型

1. 热辐射光源

热辐射光源是依靠电流通过灯丝发热达到白炽程度而发光的电光源。有如下两种：

（1）白炽灯。普通白炽灯是利用电最早最多的一种电光源，几乎遍及了照明的各个领域。普通白炽灯的显色性好、光谱连续、结构简单、易于制造、价格低廉、使用方便，是应用最广的灯种。但它的能量转换效率低，大部分能量转化为红外辐射热损失，可见光不多、发光效率低和使用寿命短是它的主要缺点。

近些年发展起来的涂白白炽灯、氪气白炽灯和红外反射膜白炽灯，在提高发光效率和延长使用寿命方面有了进一步的改善。

（2）卤钨灯。卤钨灯是在灯泡内加入一定比例卤化物的一种改进型白炽灯。卤钨灯与普通白炽灯相比，发光效率可提高 30% 左右，高质量的卤钨灯寿命能提高到普通白炽灯寿命的 3 倍左右。在公共建筑、交通和影视照明等方面得到了广泛的应用。

2. 气体放电光源

气体放电光源是电极在电场作用下，电流通过一种或几种气体或金属蒸气而发光的电光源。气体放电光源的电弧具有负的伏安特性，即电压随电流的增加而下降，因此，为使灯稳定地工作，在电路上安装了镇流器，它要同时消耗有功和无功功率。为了灯的启动，还加装了启辉器等电气附件。值得重视的是，要减少和防止生产过程中和灯泡、灯管废弃物中汞等重金属对环境的污染。

气体放电光源的种类繁多，按充气压力大小可分为两大类：一类是低压气体放电灯，另一类是高压气体放电灯。高压气体放电灯主要有高压汞灯和高压钠灯，高压汞灯中使用最多的是荧光高压汞灯和金属卤化物灯两种。低压气体放电灯主要有荧光灯和低压钠灯，在荧光灯中使用最多的是直管型、环管型和紧凑型荧光灯三种。气体放电光源比热辐射光源的发光效率高得多，应用广泛，因此，市场占有率不断提高。

除了上面介绍的常用电光源外，下面介绍几种近年开发的节能电光源。

（1）银钛节能灯泡。该灯泡由美国杜洛试验公司研制而出。该灯泡的内壁上有三层镀层，能将灯丝发出的红外线变成可见光，同时能防止光的反射，提高了灯泡的亮度。这种节能灯泡的电能利用率可达到 50% ~ 60%，比普通白炽灯提高效率 30%，光效达到 40lm/W，比普通白炽灯提高了 35%，节能率达 50% ~ 60%。

（2）特种灯丝节能灯泡。该灯泡由美国通用电气公司研制而出。该灯泡的灯丝是通过一种新的蚀刻工艺来生产的。灯泡内充有氧气、氩气及氟、氯、烷气体，通过较强的紫外线照射，将这些气体变成等离子体，从而使灯丝变成黑色，表面变得很粗糙，增大了发光面积。这种节能灯泡的电能利用率可达到 60% ~ 70%，比普通白炽灯提高了 40%，光效达到 50lm/W，比普通白炽灯提高了 94%，节能率达 60%。

（二）灯具的合理选用

高效电光源应配以高效的灯具，才能取得满意的照明效果。选用灯具要考虑视觉要求、环境特点和灯具的照明技术特性等。一般要求为：①正常环境中选用开启型灯具，特殊情况（如潮湿场所）选用防潮型，化工车间选用防爆型；②应能消除或减弱眩光；③尽量选用有镀铝反射镜的灯具，以提高光通量的利用率；④采用新型高效灯具，如抛物线反射面、螺状曲线非对称面以及板块深造型等灯具。

（三）电气照明的节电措施

电气照明节约用电，是在保证合理有效的照明与亮度条件下，尽量设法降低照明用电负荷。按照国家有关照明的标准和规定，应通过合理选用及使用照明器具、照明节电装置，以提高照明用电的效率。主要措施有如下几个方面：

1. 合理确定不同工作地点的照度

根据工作场所的环境特点，确定合理的照度标准，不仅可保证工作、生活的正常进行，保护工作人员的视力，提高产品质量和劳动效率，而且可避免不必要的浪费，达到节约用电的目的。按国家颁发的 TJ34—79《工业企业照明设计标准》来选定照度，并适当留有裕量，以补偿光源老化后光通降低或表面积尘后光通减弱等的影响。

2. 合理使用白炽灯

在使用白炽灯时，为节约电能应采取以下措施：

1）根据照明要求，按经济运行原则选择照明器；

2）消除运行过程中的负荷不对称现象；

3）将不对称接线改为对称接线；

4）调换已老化的灯泡；

5）采用专用变压器向照明装置供电，并且调节电压使多数照明器运行在额定电压的状态。

3. 合理使用荧光灯

在使用荧光灯时，为节约电能应采取以下措施：

1）按经济运行原则选配灯罩和灯管数；

2）及时调换老化灯管；

3）消除运行过程中的负荷不对称现象；

4）将不对称接线改为对称接线；

5）将架空线或室内明敷线改为电缆或穿管线向荧光灯供电，选用电子镇流器；

6）用专用变压器向荧光灯群供电，在允许的情况下，降低荧光灯群的运行电压，以提高发光效率，节约电能。这是因为运行电压降低5%，荧光灯发光效率可提高2.8%，若运行电压降低10%，则发光效率可提高6.5%。

4. 推广使用照明节电装置

节约照明用电，不仅要采用各种高效照明灯具、照明光源，而且要大力推广使用各种照明节电技术、节电控制装置，以降低照明负荷，减少不必要的照明时间。近年来，为节约照明用电，各地相继研制生产了许多照明节电装置，如对公共场所照明灯进行自动控制的 ZK 系列照明控制器，它既能调节灯电压，又能延时自动关灯，使用后可节电70%；又如 DK 系列长寿节电灯控制器，可延长灯泡使用寿命5~10倍，节电20%~40%。

5. 加强照明器具的维护管理

1）各类电光源及照明灯具，随着使用时间的延长，其效率要逐渐衰减，特别是照明灯具脏污将使反射的光通量大为降低，因此，应定期进行灯具清洗；

2）要加强对照明供电电压的管理。供电电压过高，会影响灯的使用寿命；供电电压偏低，则会降低光源的光通量。实践证明，电压每降低1%，白炽灯光通量要减少3%~4%；荧光灯虽发光效率可提高0.65%，但光通量却要减少1.5%；气体放电灯光通量要减少2.2%。为此，可采用单独的变压器对照明负荷实行供电或采用自动调压装置等，保证照明电路电压稳定。

6. 合理确定照明方式、节约照明负荷

在进行企业室内照明设计时，要根据生产和工作性质及特点不同，按照各工作部位对照度的不同要求，合理地确定照明方式。企业照明可分为以下3种：

1）一般照明，即在整个工作场所或场所的某部分、照度基本上均匀的照明方式；

2）局部照明，即局限于某一工作部位固定的或移动的照明；

3）混合照明，即一般照明与局部照明共同使用的照明。

四、应用电力电子技术节电

电子节电技术是指应用电力电子技术和微电子技术，使产品生产过程中的电能消耗或产品自身耗电量获得显著减少的方式与办法。硅和可控硅整流技术在我国的推广应用，使得我国电动发电机组和汞弧整流器已基本被淘汰，同时也使我国整流产品进入高电压、大功率、低损耗的时代。此技术主要包括两个方面：

（1）电子调压、调速技术。采用这项技术可使机电设备与负荷达到最佳匹配，实现经济运行，降低电力消耗。主要推广绕线式异步电动机串级调速、异步电机的变频调速、电动机轻载节电器等。

（2）微电子控制技术。应用电子微处理器进行编程后，对生产工艺参数、操作过程进行自动控制。这项技术在国外已普遍采用，国内也在机床加工、燃煤锅炉、无功补偿、车站照明、蓄电池充电、电炉钢冶炼、电解铝生产、合成氨生产等过程中示范应用，在提高产品产量、减轻劳动强度、节约能源等方面取得明显效果。

应用电力电子技术节电有以下几方面：

（1）采用巨型晶体管（GTR）等功率集成器件的交流高效调速装置，可使风机和泵类设备调速运行，其耗电量比传统的调节挡板或阀门变流量方式减少30%左右。

（2）用门极可关断晶闸管（GTO）开发的直流高效调速方式的斩波调速装置，用于城市电车、工矿电机车和电瓶车调速运行，取代传统的电阻器，可节电20%左右。

（3）采用静电感应晶闸管 SITH 或功率 MOS 场效应晶体管 MOSFET，能可靠工作于 50kHz 的高频镇流器中，取代传统的工频电感镇流器，可节电20%以上。若与稀土三基色高效荧光灯相配合，取代普通荧光灯则可节电50%，取代普通白炽灯则可节电80%。

（4）采用 MOSFET 开发的逆变式电焊机，与传统的工频交流和直流弧焊机相比，可节电30%~40%。

（5）采用不对称晶闸管 ASCR 或 MOSFET、SITH，使工频或中频电源高频化，可使工频或中频电炉的热效率提高20%以上，节电30%~40%。

（6）应用静电感应晶体管 SIT 代替高频电炉、高频振荡器的电子管，可节电30%~40%。

五、蓄冷节电技术

随着工业现代化的发展和人民生活水平的提高，空调用电越来越大。如何节约空调制冷用电或将制冷转移到夜间低谷用电，将夜间制得的冷量储存起来，供白天高峰时使用，是节电的重要措施。我国是电力供应水平不高的国家，但夜间低谷电力有余。因此，将空调从高峰用电转移到低谷用电，既可缓解高峰电力不足，又可利用夜间气温低、制冷单耗小的有利因素节约用电。

空调蓄冷节电技术适用于宾馆、饭店等中央集中空调系统，也适用于纺织、制药等需用冷冻水的单位。办公楼、影剧院等非全天用冷的单位，调荷避峰的效果更佳。

冰蓄冷或水蓄冷的空调系统在国外已推广应用10多年，节能成效显著，技术成熟。

我国从 90 年代开始蓄冷节电技术的开发研究，搞了一些示范工程。广东省清远新北江制药有限公司的水蓄冷空调改造工程已于 1992 年 5 月 20 日投入运行。在用电高峰时停开制冷压缩机，经实测，减少用电 246kW，减少空调高峰电力的 2/3，蓄冷的节电率为 24.7%，改造投资的回收期为 1.54 年，企业的节电效益和经济效益都十分显著。

冰蓄冷是 80 年代发展起来的新技术。冰蓄冷充分利用了相变潜热的蓄冷管理理论，通过加装具有高蓄冷量的介质等整套装置，把后夜电力制冷量储蓄起来，在电网高峰时释放冷量，以减少高峰电力，起到调整负荷的目的。

冰蓄冷主要采取两种形式，一种为完全冻结式，即在储冰筒内安装塑料管，充乙烯乙二醇溶液，在制冷系统储冷，把筒内的清水结冰，待电网高峰时，再由塑料管内的乙烯乙二醇把冷释放出来。另一种为冰球式系统，即从制冷机制出的低温冷冻液与蓄冰槽内的冰球接触进行热交换。在后夜蓄冷，高峰时释冷，以调整冷负荷和电负荷。

目前集中式空调制冷系统采用的机组有三种类型，即离心式机组、往复式机组与螺杆式机组。因为离心式机组通常用氟利昂做为制冷剂，只适用于高温制冷（10～0℃），所以不宜采用蓄冰状态工作。因而蓄冰空调的改造，只能在往复机组和螺杆式机组之中进行，并且要有一定的空间，用以安装蓄冰筒和储冰球罐。

六、余能回收发电技术

对生产工艺过程中产生的余压、余热、余气（可燃气体）进行回收，用于发电，既可提高能源的利用率，节约能源，又可保护环境，增加效益，还可补充电力供应的不足。这是一项世界各国都关注的技术。余能回收利用技术是指热电联产、余压发电、余热回收发电、余气（可燃气）回收发电、热电冷联产等技术。下面分别详细介绍。

（1）热电联产。制糖、造纸、印染、合成氨、制药等行业中，生产工艺需要供给一定量的蒸汽。采用热电联产技术，可大大提高整个能源的利用率，减少能源消耗量，降低生产成本。

（2）余压发电技术。在生产过程中产生的烟气，如含有压力，可进行回收，用于发电。如炼铁高炉产生的煤气有 0.1～0.2MPa 压力，可将煤气的这部分压力回收用于发电。我国的宝钢、首钢、武钢、重钢、邯钢已在 1000m³ 以上的高炉上安装了高炉顶压回收发电装置。

（3）余热回收发电。利用余热锅炉将工业生产中各类窑炉放散的热量进行回收，用于供热或发电。

（4）余气（可燃气）回收发电。在生产铁合金、电石、炭黑、生铁、炼油过程中，在烟气中含有大量可燃烧气体，将这部分气体回收，用作发电的燃料。

（5）热电冷联产。它既发电，又供热，又制冷。热电冷联产在纺织行业获得推广，北京、上海、石家庄、苏州等地都有应用，节电效率明显提高。

小 结

我国的能源工作方针是"开发与节约并重，近期把节约放在优先地位，大力开展以节能为中心的技术改造和结构改革"。

近期节能技术发展方向为：推广各种节电技术，搞好各项节电工程，继续开发节能型机电设备，开发推广节能新材料及民用节能电器，研究开发新能源可再生能源，包括太阳能、风力发电、地热能利用等。目前，世界范围内，正在开发的节能新技术如下：①超导电力应用技术；②高效蓄能电池；③燃料电池；④煤气化联合循环发电。

全国重点推广的节电技术措施有：①高效节能灯；②风机、泵类节电技术；③电子节电技术；④蓄冷节电技术；⑤余能回收发电技术；⑥转移高峰电力措施；⑦变压器节电技术；⑧电动机节电技术；⑨电炉钢节电技术；⑩电加热节电技术。

企业节电降损的方法有：①大力宣传节电降损的目的和意义；②建立科学的耗电定额管理制度；③开展群众节电活动；④发挥经济杠杆的作用，调动广大群众开展节电降损的积极性；⑤开展用电状况调查，有针对性地采取节电措施；⑥认真总结和推广节电降损的先进技术及先进经验。

企业节电降损的途径有：①应用新技术、新材料；②改造陈旧高耗电的设备；③改革落后工艺；④改进操作工艺。

降低线路损耗的技术措施有：①对企业配电网技术改造；②合理确定电网经济运行方式；③合理调整运行电压；④提高功率因数，减少输送的无功功率；⑤合理调整负荷，提高负荷率；⑥合理安排设备检修。

降低变压器损耗的技术措施有：①变压器经济运行；②变压器技术改造。

电动机的节电措施有：①正确选择电动机；②电动机调速运行；③改善电动机功率因数；④电动机调压节电，改善轻载运行；⑤推广应用节能型电动机；⑥加强电动机运行管理；⑦电动机的节能改造；⑧采用磁性槽泥或槽楔改造低效电动机；⑨采用新型节能风扇；⑩电动机绕组改接；⑪定子绕组重绕。

泵与风机的节电降损措施有：①合理选型；②泵与风机的改造；③减少管路阻力；④更换为高效新型的泵与风机；⑤离心式水泵取消底阀；⑥可变流量（风量）控制；⑦减少泵与风机运转时间；⑧加强运行管理。

电气照明的节电措施有：①合理确定不同工作地点的照度；②合理使用白炽灯；③合理使用荧光灯；④推广使用照明节电装置；⑤加强照明器具的维护管理；⑥合理确定照明方式、节约照明负荷。

习　题

5-1　全国重点推广的节电技术措施有哪些？

5-2　企业节电降损有哪些方法和途径？

5-3　什么是线损率？影响线损率的主要因素有哪些？

5-4　降低线路损耗和变压器损耗的技术措施有哪些？

5-5　电动机的功率损耗有哪些？

5-6　电动机的节电有哪些措施？

5-7　泵与风机的能量损耗主要有哪些方面？

5-8　泵与风机有哪些节电措施？

5-9　按电光转换机理分类，电气照明电光源可分为哪几类？

5-10　电气照明的节电措施有哪些？

5-11　应用电力电子技术节电主要有哪些方面？

电 力 市 场 营 销

内容提要

本单元主要介绍了电价、电费、业务扩充、日常营业工作、供用电合同、电力市场开拓的基本概念和工作方法。

课题一　电　价

教学要求

了解电价的基本概念和基本要求，以及我国电价改革的发展趋势。

一、电价的基本概念

电价是电力这个特殊商品在电力企业参加市场经济活动，进行贸易结算时的货币表现形式，是电力商品价格的总称。

电价是电能价值的货币表现，它包括电能再生产成本和税金、利润三部分。电价是国家根据国民经济发展的任务，考虑电能成本的费用项目及各类用户对电网构成、运行和电能成本的影响，使电网能够经济稳定运行；考虑按用户不同用电条件对电网支付成本的合理分摊，使用户了解所使用电能的经济效益，使国家经济资源获得有效的分配与合理使用和积累；考虑电力企业和用户便于理解和接受等因素统一制定颁发的。电价对电力这个商品的生产、供应、使用各方具有不同的作用。电价水平的高低在很大程度上影响电力事业的发展，对于电力使用者，电价则意味着他们使用电力时的支付负担，电价的高低决定着负担程度的大小。因此，电能这种特殊商品对不同类别的用户有不同的价格，正确执行电价不仅能保证电力企业的合理收入，而且能从经济上促使用户合理用电，切实提高电能使用效益。

电价构成应包括价格执行期内电力成本、税金和合理收益。电力成本是指电力企业正常生产、经营过程中消耗的燃料费、折旧费、水费、材料费、工资及福利费、维修费，以及合理的管理费用、销售费用和财务费用等成本。税金是指电力企业按国家税法应该交纳并可计入电价的税费。合理收益是指电力企业正常生产、经营应获得的收益。

二、对电价的基本要求

按照《电力法》的规定，电价实行统一政策、统一定价原则，分级管理，就是要求电价管理应集中统一。首先，应统一政策、统一定价，在此前提下，进行分级管理，发挥各方面的积极作用，使电价管理体制更为科学、合理、规范，逐步建立合理的电价机制。

我国对电价管理实行的是统一领导、分级管理。国务院统一领导全国电价制定工作。

电价是关系到国民经济全局和人民群众的切身利益的问题，因此，电价仍以国家管理为主，企业协商定价只是一种国家确定电价的前置条件。电价实行分级管理仍是主要的管理形式。

合理地制定电价，能够促进国民经济的发展，改善人民的生活，促进电力工业的健康发展，提高电力企业及社会的经济效益。合理的电价，是企业评价经营成果、实行经营核算的重要条件，同时促进企业的发展。合理的电价对生产还有着经济杠杆的作用。实行两部制电价、峰谷分时电价和季节性电价，并根据功率因数调整电费，可以促进用户调荷节电，挖掘生产潜力，充分利用能源。

1. 制定电价的基本原则

《电力法》规定"制定电价，应当合理补偿成本，合理确定收益，依法计入税金，坚持公平负担，促进电力建设"，即明确了电价由成本、利润、税金三大部分构成。

（1）合理补偿成本。成本应合理补偿，就是指电价必须能补偿电力生产全过程和流通全过程的成本费用支出，但要排除非正常费用计入定价成本，以保证电力企业的正常运营。

（2）合理确定收益。电力工业具有公益性事业性质，一方面社会对电力需求日益增长，电力工业须不断发展才能满足日益增长的用电需要，而电力工业是资金密集性企业，需要大量资金建设，而资金必须通过电费收入及吸引社会资金和国外资金，因此电价应保证电力企业及投资者的应得的收益。为了兼顾电力发展和保护用电者利益，《电力法》规定合理确定收益为电价制定的原则之一。

（3）依法计入税金。电力企业不是所有依法交纳的税金都可计入电价，而是那些属于中国法律允许纳入电价的税种、税款才能计入电价。

（4）公平负担。坚持公平负担原则是《电力法》中规定的电价制定原则之一。公平负担是指在制定电价时，要从电力公用性和发、供、用电的特殊性出发，使电力使用者价格负担是公平的，电价结构的安排要根据电力生产和商品特点，区别用电特性，实行消费者对电费负担与其用电特性相适应。电力企业中各有关部分有关环节的利润分配是公平合理的。电价如果定得过高，势必加大社会经济负担，直接给用户增加负担，既不符合公平负担原则，也要影响国民经济的协调发展；定价过低，不利于促进电力建设，不能吸引投资者投资电力建设，也就会使电力企业不能获得扩大再生产和维持简单再生产的资金，影响了电力工业的发展，也制约了国民经济的发展。

（5）简化价目、价种，便于计费原则。

（6）电价相对稳定原则。电价调整应当兼顾社会承受能力，在一定时期内保持相对稳定。

促进电力建设和发展是制定电价的基本出发点。应通过科学、合理地制定电价，促使电力资源优化配置，保证电力企业正常生产，并具有一定的自我发展能力，推动电力事业走上良性循环发展的道路。

2. 对电价的基本要求

（1）能够维持电力企业进行简单再生产和发展。

（2）要能反映用户对电网构成、运行、电能生产各项费用产生的影响。

（3）电价价目、价种要简化，便于计费。

（4）电价不宜频繁变动。

三、我国现行电价的分类及实施范围

工业产品一般都以其不同的产品、不同的质量和不同的规格分别计价，商品价格有批发零售之分，但同一商品不因消费者使用不同而有价格差异。而电能对于不同消费者，则会因其用途不同而分别计价，这是由电力生产的特点所决定的，也是电作为特殊商品与其他商品之间显著不同的特点。我国现行电价按用电性质和用电设备分类如下

1. 居民生活及非居民照明电价

居民生活照明及其家用电器等用电设备用电，按居民生活电价执行。

非居民照明电价包括：

1）铁道、航运等信号灯用电；

2）霓虹灯、荧光灯、弧光灯、水银灯、非对外营业的放映机用电等。

2. 商业电价

凡从事商品交换或提供商业性、金融性、服务性的有偿服务场所所需的电力。包括：

1）商场、商店、物资供销、仓储、服装、家具店、洗染店、宾馆、饭店、招待所、旅社、酒家、茶座、咖啡厅、餐馆等用电；

2）发廊、美容厅、电影院、剧院、歌舞厅等用电；

3）金融、保险、旅游点、房地产经营、咨询服务等用电；

4）电子计算事业，其他综合技术服务事业等用电。

3. 非工业电价

非工业电价实施范围：凡以电为原动力，或进行电冶炼、烘焙、熔焊、电解、电化试验和非工业生产，其总容量在3kW及以上者。

4. 普通工业电价

普通工业电价实施范围：凡以电为原动力，或进行电冶炼、烘焙、熔焊、电解、电化的一切工业生产，其受电变压器容量不足320kVA或低压受电，以及符合上述容量、受电电压规定的下列用电：

1）机关、部队、学校及学术研究、试验等单位的附属工厂，且有产品生产，或对外承受生产、修理业务的生产用电；

2）铁道、地下铁道、航运、电车、电信、下水道、建筑部门及部队等单位所属的修理厂的生产用电；

3）自来水厂、工业试验、照相制版工业的水银灯用电。

其他规定：①普通工业用户的照明用电（包括生活照明和生产照明），应分表计量，如一时不能分表，可根据实际情况合理分算照明电量，按非居民照明电价计收电费；②对受电变压器容量在100kVA及以上至320kVA以下的电石、电解烧碱、电炉黄磷、合成氨的用电，可继续执行大工业电价或比照同类大工业电价水平核定单一电价。

5. 大工业电价

大工业电价实施范围：凡以电为原动力，或进行电冶炼、烘焙、熔焊、电解、电化的一切工业生产，且其受电变压器容量在 320kVA 及以上者，以及符合上述容量规定的下列用电：

1）机关、部队、学校及学术研究、试验等单位的附属工厂（以学生参加劳动实习为主的校办工厂除外），具有产品生产或对外承受生产及修理业务的用电；

2）铁道（包括地下铁道）、航运、电车、电讯、下水道、建筑部门及部队等单位所属修理厂的用电；

3）自来水厂用电；

4）工业试验用电；

5）照相制版工业的水银灯用电。

6. 农业生产及排灌电价

实施范围：农村社队、国营农场、牧场、电力排灌站和垦殖场、学校、机关、部队及其他单位举办的农场或农业基地的农田排涝、灌溉、电犁、打井、脱粒、积肥等。

7. 转供及趸售电价

在电网供电设施未到达的地区，因用户用电的需要，电网委托有供电能力的用户或供电机构代为供电管理，为了解决转供户或转售电机构的费用，采用转供费或趸售电价的形式。

8. 其他电价

除上述几种电价类别外，还有其他电价，如调度电价、跨省电网互供电价等。

四、电价制度

（1）单一制电价。它只有一个电度电价。是指以用户每月实际用电量多少来计算电费，不论用电多少均实行同一个电价。但装接容量超过 100kVA（kW）的电力用户，还须交纳功率因数调整电费。

（2）两部制电价。两部制电价就是将电价分为两个部分，一是基本电价，它反映电力成本中的容量成本，是以用户用电的最高需求量或变压器容量计算基本电费，二是电度电价，它反映电力成本中的电能成本，以用户实际使用电量（kWh）为单位来计算电度电费。对实行两部制电价的用户，还须根据功率因数调整电费。

发电设备容量是按系统尖峰时段最大负荷需求量来安排的，合理的电价可促使用户提高受电设备的负荷率。但如果只按用户实际耗用的电量来计价，则不能满足要求。因为不同的用户由于用电性质不同，系统为之准备的发电容量也不同，从而耗费的固定费用也不同。由于各种原因，不同用户的最大需求量（或变压器容量）和实际用电量也不同，在最大需量（或变压器容量）相同的情况下，实际用电量越多，单位供电费用中固定费用的含量越少，反之，则单位固定费用上升。所以，不能将所有用户都完全按用电量平均计价，而需对电价进行两部制分解，一部分为基本电价，另一部分为电度电价。

（3）峰谷分时电价。它将一天 24h 分成高峰时段、平时段、低谷时段，实行不同的价格水平。

峰谷分时电价就是运用价值规律，在不同的用电时间实行不同的电价，即区分用电高峰时间和低谷时间的电价，拉开差价。它体现了经济杠杆的间接调控手段，促进用电单位自觉调整用电时间，合理用电，以提高用电负荷率，提高经济效益。

实行峰谷电价，是电价制度的重大改革。它有利于充分利用现有的发电设备，有利于均衡发电、均衡用电，有利于解决峰、谷用电矛盾，对缓和电力供应紧张起到积极作用。

（4）丰枯季节电价。它将一年12个月分成丰水期、平水期、枯水期，在各个时期实行不同的价格水平。由于水电是电力系统供电的重要组成部分，而季节间水量的不同，使水电具有丰枯之分，丰水期电力系统供电能力增大、枯水期系统供电能力缩小，因此与之相适应，电能需求也应随丰、枯季节的变化而相应地增加或减少。此外，水电与火电相比，变动成本较低。由于丰水期水电设备利用率高，就可相对减少变动成本较高的火电机组投入运营的数量，从而使系统平均供给费用较低。反之，枯水期水电设备利用率低，火电机组投入运营数量多，系统的平均供给费用也较高。所以，无论是从调节需求还是从体现费用差别的角度来看，都有必要实行丰枯季节电价。

（5）梯级电价。我国很多省市在增供扩销政策中，按用户实用电量多少分成若干等级，每一等级执行一种电价水平。

五、我国电价的改革及发展趋势

电价作为电能商品的价格，对电力企业的生存和发展有着举足轻重的作用，或者说，电价是电力企业生存与发展的重要因素。电能是一种很难用其他商品替代的重要生产资料，它的价格起着资源优化配置的重要杠杆作用；电能还是一种重要的生活资料，它的价格对提高人民物质生活水平有着显著的影响，起着一定的促进或抑制作用。

（一）电价的形成机制随电力市场引入竞争和开放程度的不同而不同

电价的形成机制、电能商品价格的形成主要取决于什么，是计划还是市场？在我国，传统的计划经济的定价理论和方法正在向现代市场经济条件下的定价理论和方法转变，大部分的商品已经采取市场调节价的做法，即由经营者自主制定价格，最后通过市场竞争形成价格。

市场调节价并不适用于电能商品，电价在我国是政府定价。我国正设法从发电环节引入竞争，同时，一批独立的电力生产企业的出现，使在发电环节引入竞争具备了一定的条件。随着竞争机制在发电环节逐步发挥作用，上网电价的形成机制也将产生深刻的变化，而上网电价又是互供电价与销售电价的"源头"，因此，整个电价的形成机制也随之变化。

这就是说，电价的形成与电力市场的发育程度有密切关系。在政府定价的同时，又要引入竞争机制，实现竞价上网（乃至竞价销售），这是我国电能商品价格的又一特殊性。

（二）电价的内涵和结构与电力工业管理体制和经营模式有关

电力工业管理体制和经营模式各国不一样，有发电分离、输配电合一的；有配电分离，发输电合一的；也有发输配都合一的；也有发输配都分离的。但从总体上看，主要有两种不同的模式，一种是垂直一体化垄断模式，另一种是开放型竞争模式。

在垂直一体化垄断模式下，对外只剩销售电价，至于上网电价、跨省电网内的省间互供电价都只是电网内部的核算电价。我国真正出现上网电价是在80年代中期开展集资办电以后，至于跨省电网内的省间互供电价则是从成立联合电网到建立电力集团以后。这说明，电价的内涵与电力工业管理体制和经营模式有很大关系。下一步，随着从垂直一体化经营模式向开放型竞争模式的转变，乃至发电环节分离之后的输电、配电环节的分离，电价的内涵也必然随之而起变化，除了有上网电价、互供电价、销售电价之外，还将出现输配电电价。

电价结构也会有很大变化。在完全开放型竞争模式下，仅仅有两部制电价、峰谷分时电价已不能适应市场变化多端的需要。此后出现的实时电价，一般为每半小时一价，一昼夜24h共48个电价。电价有如此敏感的时间因素，这也是一般商品所没有的。

电价一般都由国家监管，政府监管的目的是为了更好地贯彻国家的产业政策和能源政策，既保证电力企业的正常经营和生存发展，又保证整个国民经济有序健康地发展。

（三）在发电侧电力市场引入竞争价格

发电环节具备竞争的潜质，也存在限制竞争的因素，市场类型究竟向哪个方向转化，取决于电能供求状况、发电环节与供电环节的经济关系及国家管理这种竞争的能力。部分市场经济国家电力工业体制改革的实践已经证明了发电价格引入竞争机制的可行性，并在引入竞争后的管理方面提供了可以借鉴的经验。我国随着企业制度改革、政府职能转换等其他有关条件的进一步改善，将竞争机制逐步引入发电价格是完全可行的。发电价格市场化的基本方式有：

（1）将发电价格分解为基本电价和电度电价两部分。前者由国家规定，后者由市场调节。

基本电价反映的是发电的容量成本，由国家规定。不论所发电量多少，电网都必须支付。这就基本上保证了投资本金的按期收回，从而可继续保持投资者投资电力工业的积极性，并有利于电源建设的统一规划和电网的统一调度。

电度电价以电厂的运营成本为基础。在容量成本的回收由国家予以保证后，电网将按照发电企业的报价，选择调度上网电量。对于技术先进、管理状况好的电站，运行费用较低，所以即使在低谷时段，也可以较低的价格竞争上网，从而获得较多的发电利润。而对于技术落后、管理状况差的电站，由于运行费用较高，所获利润必然较少，这不仅会迫使发电企业提高效率，而且也有利于缓解高峰时段的供求矛盾。

（2）高峰时段上网电价由国家规定，平时段和低谷时段发电价格放开。国家定价部分，应能保证各发电企业收回容量成本和所发电量耗费的运行成本。价格放开时段，电量竞价上网，这样竞争的范围更广。

（四）销售电价的电价水平

上网电量及其上网电价、电网互供电量及其互供电价、电网经营企业或供电企业的输配电价，综合考虑最终形成销售电价。销售电价是最终面对各行各业、千家万户的电价。我国电价总水平以前比较稳定，集资办电以后，电价总水平开始提升，但电力成本也增加较快。近些年来，国家为了鼓励各地办电积极性，多渠道发展电力工业，以缓解缺电局面，电价适当放开，实行还本付息电价等多种电价。各地由于办电的成本不同，电价出现了地区差价。经济发达的地区，经济实力比较雄厚，资金办电比较多，用电量也比较多，电价也比较高；经济不发达的地区用电量比较少，电价比较低。全国出现的电价地区差异是多种多样的。

我国受以前计划经济体制和长期缺电的影响，电价改革存在着重电价水平而轻电价结构的问题，电价结构改革滞后，主要表现为：①考虑政策因素较多，而考虑电能商品成本差异等因素较少；②各种用电的比价不尽合理；③繁简不当，对用电量少，用户数多的中、小用户电价结构偏繁，对用电量多、用户数少的大用户电价结构偏简，总的来看，电价结构偏简；④未体现优质、优价这一市场经济的重要定价原则。

1. 我国电价结构改革的基本要求

（1）有利于反映电能商品成本。电能商品的不同成本主要反映在用户供电的电压等级、供电的可靠性、用户的用电负荷率、用电季节、每天的用电时段等。

（2）有利于用户公平合理地负担电能商品成本，有利于社会资源的优化利用，有利于国民经济的发展。

（3）有利于执行国家产业政策和节约能源政策，有利于电网商业化运营和电力企业的生存与发展。

（4）有利于简便易行。

2. 电价结构改革的目标模式应达到的程度

由于积累的问题较多，改革不可能一步到位，需要分步实施。电价结构改革的目标模式应达到：

（1）电价分类由以用户行业和用电用途为主划分，改为以用户用电负荷特性为主来划分。

（2）用户用电可选择不同电价形式和标准。

（3）分时电价广泛使用。

（4）电价分类的不同类之间、同类之间的比价和差价要科学合理。

（5）繁简适当，以最大限度反映其用电负荷特性。

六、国家对电价、电费监督管理的规定

为了保证执行电价、电费的法律规范，保护电力使用者的利益，维护电价秩序，《电力法》中对电价、电费的监督管理作了以下几项规定：

（1）不准越权定价，任何单位不得超越电价管理权限制定电价，否则，追究法律责任。

（2）供电企业不得擅自变更电价。

（3）禁止任何单位和个人在法律、行政法规的规定之外，在电费中加收其他费用。

（4）地方集资办电在电费中加收费用的，按省、自治区、直辖市人民政府依照国务院有关规定制定的办法执行。

（5）禁止供电企业在收取电费时，代收其他费用。

（6）电价的管理办法，由国务院依照《电力法》的规定制定。

电价实行统一政策、统一定价原则，分级管理。

制定电价，应当合理补偿成本，合理确定收益，依法计入税金，坚持公平负担，促进电力建设。

上网电价实行同网、同质、同价，具体办法和实施步骤由国务院规定。

电力生产企业有特殊情况的，需另行制定上网电价，具体办法由国务院规定。

跨省、自治区、直辖市电网和省级电网的上网电价，由电力生产企业和电网经营企业协商提出方案，报国务院物价行政主管部门核准。

独立电网的上网电价，由电力生产企业和电网经营企业协商提出方案，报有管理权的物价行政主管部门核准。

地方投资的电力生产企业所生产的电力，属于在省内各地区形成独立电网的或者自发自用的，其电价可以由省、自治区、直辖市人民政府管理。

省、自治区、直辖市电网和独立电网之间、省级电网和独立电网之间的互供电价，由双方协商提出方案，报国务院物价行政主管部门或其授权部门核准。

独立电网与独立电网之间的互供电价，由双方协商提出方案，报有管理权的物价行政主管部门核准。

跨省、自治区、直辖市电网和省级电网的销售电价，由电网经营企业提出方案，报国务院物价行政主管部门或其授权部门核准。

独立电网的销售电价，由电网经营企业提出方案，报有管理权的物价行政主管部门核准。

国家实行分类电价和分时电价，分类标准和分时办法由国务院确定。

对同一电网内的同一电压等级、同一用电类别的用户，执行相同的电价标准。

用户用电增容收费标准，由国务院物价行政主管部门会同国务院电力管理部门制定。

课题二 电费计算

了解两部制电价的有关规定，掌握执行各种电价的电费计算方法。

一、依功率因数调整电费的有关规定及调整方法

功率因数是表示有功、无功相互关系的特殊物理量，根据功率因数调整电费是供电部门根据用户实际用电功率因数高于或低于规定标准来减收或增收一定数额电费的方式，通过这样的方式来衡量用户提高功率因数并维持其均衡的责任与义务的承担程度。它是供电部门在总电费额不变的情况下，调整用户之间的电费分配方式。功率因数的高低，对发、供、用电的经济性和电能使用的社会效益有着重要影响。提高用电功率因数，无论对电网还是对用户都能获得提高电压质量，减少供、配电网络的电能损失，增强供电能力，提高电气设备的利用率或减少电力设施的投资和节约有色金属的效果。提高功率因数并保持稳定，是电业部门与用户的共同责任。

用户功率因数的变化对供电成本有一定影响，为此，采取按功率因数调整电费的办法，对超过或低于标准功率因数的用户的月应收电费进行调整，按照一定比例降低或增加

收费。一方面合理反映功率因数对供电成本的影响，另一方面，有利于促使用户改善功率因数。

1. 考核功率因数的计算

根据《供电营业规则》第 70 条规定，供电企业应在用户每一个受电点内按不同电价类别，安装用电计量装置。

每个受电点作为用户的一个计费单位，功率因数按每个计费单位分别进行考核。但考虑到计量方式的不同，为简便计算，对功率因数的考核可按下列方法计算：

（1）总表内装有不同用电类别的计费表，当考核功率因数的标准值相同时，按总表计量的有功、无功电量计算实际功率因数；当总表内各类用电考核功率因数标准值不同时，按总表计量的实际功率因数值，对执行不同标准的各类用户分别计算，考核调整电费。

（2）在同一受电点由于分线、分表、所以对装有不同类别的计费表（均为母表时），可将这一受电点的有功、无功电量分别相加，计算出这个受电点的实际功率因数，按考核标准值对每个计费单位进行电费调整。

2. 功率因数调整电费办法的标准与适用范围

（1）功率因数为 0.9 时，标准的适用范围：

1）受电变压器容量大于 160kVA 的高压供电工业用户（包括乡镇企业）、3200kVA 及以上的电力排灌站；

2）装有带负荷调整电压装置的高压用户。

（2）功率因数为 0.85 时，标准的适用范围：

1）100～160kVA 或 100kW 及以上的工业用户（包括乡镇企业）；

2）100kVA（kW）及以上非工业用户、临时用电和电力排灌站；

3）大工业用户未划归电力企业直接管理的趸售用户。

（3）功率因数为 0.80 时，标准的适用范围：

1）100kVA（kW）及以上的农业用户；

2）电力企业直接管理的趸售用户。

二、丰枯、分时电价的有关规定及时段的确定

实施丰、枯季节电价可以促进用户合理用电，挖掘电网多发、多供的潜力，充分发挥价格的经济杠杆作用，鼓励用户在丰水期间多用电，促进合理利用资源，提高社会经济效益。每年 1～3 月及 11～12 月为枯水期；5～9 月为丰水期；4 月和 10 月为平水期。差价原则是除平水期仍执行现行电价外，丰水期电价向下浮动，枯水期向上浮动。

1. 推行峰、谷分时电价的目的

由于发、供、用电同时发生，所以电力供应要时刻保持产、供、销平衡。而峰谷用电负荷的差异会对电力生产、电网调度造成很大压力，不仅使高峰时间发电成本升高、供不应求的矛盾突出，而且还会造成电网低频运行，影响电网安全。

电能商品有很强的时间特性，不同的用电时间供电成本不同，分时电价就是反映这种电能商品的时间差价。

峰谷分时电价是运用价值规律，在不同的用电时间实行不同的电价，也就是区分用电高峰时间和低谷时间的电价。它利用经济杠杆的间接调控手段促进了用电单位自觉调整用电时间，合理用电，以提高用电负荷率，提高经济效益。

实行峰谷分时电价，是现行电价制度的重大改革。它有利于充分利用现有的发电设备，有利于均衡发电、均衡用电，有利于解决峰、谷用电矛盾。

峰谷分时电价体现了电能商品的时间差价，有利于调动用户避峰填谷，这是一项十分有效的电力需求侧管理手段。同时，也降低了电力系统成本，提高电力企业的生产效率。

2. 峰、谷电价的时段划分

对于峰谷时段的划分，目前，我国主要是根据各个电网的实际负荷曲线，采用经验分析的方法来确定。由于各个电网所处地理位置、气候条件、工业生产结构、人们的生活方式等的不同，决定了各个电网的峰谷时段也是不一样的，因此，峰谷时段的划分必须具体情况具体分析。

峰谷时段的划分一般分为三个时段，即高峰时段、平时段和低谷时段。高峰时段不宜定得太短，以免在系统规定的高峰时段以外出现新的高峰；但也不宜定得太长，否则难以对用户用电进行有效的调节。我国多数电网一般出现早、晚两个高峰，因此高峰时段可以根据电网实际采用早、晚各一段。低谷负荷一般均在夜间出现，其他时间为平时段。

三、两部制电价的有关规定

两部制电价就是将电价分成两个部分：①基本电价；②电度电价。另外，实行两部制电价的所有用户，均须实行根据功率因数调整电费的办法。两部制电价适用于大工业用电。

实行两部制电价计收电费的用电对象包括以电为原动力或以电冶炼、烘焙、熔焊、电解、电化的工业生产中受电变压器总容量在 320kVA 及以上者，以及符合上述容量规定的其他大工业用电。例如：

（1）机关、部队、学校及学术研究、实验等单位的附属工厂，有产品生产或对外承受生产及修理业务的用电。

（2）铁道（包括地下铁道）、航运、电车、电信、下水道、建筑部门及部队等单位所属修理厂的用电。

（3）自来水厂用电。

（4）工业试验用电。

（5）照相制版工业水银灯用电。

（6）电气化铁路用电。

实行两部制电价，其中基本电价计算方式有两种，一是按照用户在一个电费结算期的最大需求量计算，一是按用户变压器容量计算。

所谓最大需求量是指用户在一个电费结算期内许多相同的时间间隔（目前一般为 15min）内平均功率中的最大值。一般应以电力企业安装的能够反映最大需求量的表所计记录的一个电费结算期的最大需求量值作为依据。

按最大需求量值计算基本电费应按照下列规定执行：

1）最大需求量以用户申请并经电力企业核准为准，超过核准的部分加倍计费，低于核准容量的 40% 时，按核准容量的 40% 值计费；

2）有两路及以上进线的用户，如各路电源同时运行，各路进线应分别计算最大需求量。

大工业用户以自备专用变压器受电者，其基本电费可按变压器容量计算。

四、执行单一制电价、丰枯电价、分时电价、两部制电价用户的电费计算方法

1. 单一制电价的电费计算方法

对实行单一制电价的用户，一个电费结算期的电费＝一个电费结算期用电量×相应单价，另外，对装接容量超过 100kVA（kW）的电力用户，还须根据功率因数调整电费。

2. 两部制电价的电费计算方法

对实施两部制电价的用户的电费计算除按两部制电价分别计费外，还应实行功率因数调整电费办法。

用户功率因数的变化对供电成本有一定影响，为此，采取功率因数调整电费的办法，对超过或低于标准功率因数的用户的月应收电费进行调整，按照一定比例降低或增加收费。一方面能合理地反映功率因数对供电成本的影响，另一方面，有利于促进用户就地安装电力电容器等无功补偿装置，达到就地改善功率因数的目的。

《供电营业规则》中第四十一条表明：

无功补偿应就地平衡。用户应在提高用电自然功率因数的基础上，按有关标准设计和安装无功补偿设备，并做到随其负荷和电压的变动及时地投入或切除，防止无功电力倒送。除电网对其有特殊要求的用户外，用户在当地供电企业规定的电网高峰负荷时的功率因数，应达到有关规定：

凡功率因数不能达到规定的新用户，供电企业可拒绝接电。对已送电的用户，供电企业应督促和帮助用户采取措施，提高功率因数。对在规定期限内仍未采取措施达到上述要求的用户，供电企业可中止或限制其供电。

功率因数调整电费办法按国家规定执行。

当考核计算的功率因数高于或低于规定的标准时，应按规定计算出用户一个电费结算期的电费之后，再按功率因数调整电费的国家规定计算减收或增收的调整电费。

对实行两部制电价用户的电费计算：

（1）算出用电量。根据抄表记录和相应倍率算出当月相应电量数。

（2）算出电度电费值。

根据目录电价（元/kWh）和用电量（kWh）计算电度电费，对实行峰谷分时电价的用户，则应算出峰谷电度电费。

（3）算出基本电费值。

当按变压器容量计费时

基本电费（元）＝变压器容量（kVA）×变压器容量的基本电价（元/kVA）

当按最大需求量计费时

基本电费（元）＝最大需量数（kW）×最大需量的基本电价（元/kW）（如实际使用最大需求量超出申请数值，则超出部分应加倍计费）

（4）算出电费值。

电费值 = 电度电费 + 基本电费

（5）算出功率因数调整电费值。

1）求出比率，比率 $= \dfrac{无功电量}{有功电量}$（如电能计量方式为高供低量，应将计量出的有功、无功电量分别加上变压器的有功、无功损耗电量），即 $\text{tg}\varphi = A_Q / A_P$；

2）由比率求出功率因数值，即 $\cos\varphi = 1/\sqrt{1 + \text{tg}^2\varphi}$；

3）查出奖惩电费百分数，各功率因数值按不同的功率因数考核标准，分别查功率因数调整电费表，得出奖惩电费百分数；

4）算出功率因数奖惩电费值，奖（惩）电费值 = 电费值×功率因数减少（增加）电费的百分数（减少电费为负，增加电费为正）；

5）算出总电费值，总电费值 = 电费值±奖惩电费值。

【例 5-2】　某企业设备装接总容量为 1600kW，契约限额为 1180kW。某月总有功用电量为 376000kWh，其中高峰时段有功用电量为 128000kWh，平时段有功用电量为 210000kWh，低谷时段有功用电量为 38000kWh，最大需量为 1170kWh，无功用电量为 96000kvarh，若按最大需量基本电价为 18 元/（kW·月），根据电价分类其峰时段电价为 0.8650 元/kWh，平时段电价为 0.5620 元/kWh，谷时段电价为 0.2890 元/kWh，相应功率因数标准为 0.90，对该企业实行的是两部制电价制度，则该企业此月应付电费为多少？

解　基本电费：

$$1180 \times 18 = 21240.00（元）$$

电度电费：

高峰时段电度电费：$128000 \times 0.8650 = 110720.00$（元）

平时段电度电费：$210000 \times 0.5620 = 118020.00$（元）

低谷时段电度电费：$38000 \times 0.2890 = 10982.00$（元）

电度电费为 $110720.00 + 118020.00 + 10982.00 = 239722.00$（元）

基本电费与电度电费之和为：$21240.00 + 239722.00 = 260962.00$（元）

$$\text{tg}\varphi = \frac{96000}{376000} = 0.26$$

月等价平均功率因数 $\cos\varphi$：

$$\cos\varphi = \frac{1}{\sqrt{1 + 0.26^2}} = 0.97$$

按国家力率调整相关规定，该企业此月应减电费 $260962.00 \times 0.75\% = 1957.22$（元）。

该企业此月应付电费：$260962.00 - 1957.22 = 259004.78$（元）。

答：该企业此月应付电费为 259004.78 元。

3. 峰谷分时电价的电费计算方法

高峰时段电费 = 高峰时段电量×高峰时段电价；

平时段电费 = 平时段电量×平时段电价；

低谷时段电费 = 低谷时段电量×低谷时段电价；

对实行单一制电价的用户来说，总电费 = 高峰时段电费 + 平时段电费 + 低谷时段电费；

对实行两部制电价的用户来说，电度电费 = 目录电价 × 用电量；

若对用户实行的是两部制峰谷分时电价，则峰谷电度电费 = 高峰电价 × 高峰电量 + 低谷电价 × 低谷电量 + 平时段电价 × 平时段电量。

4. 丰枯电价的电费计算方法

丰枯电价的电费计算执行丰枯电价差价原则，具体内容是平水期执行现行电价不变，丰水期电价向下浮动，枯水期电价向上浮动。

课题三　电　费　管　理

教学要求

了解电费管理的工作内容和程序，掌握各种电费的计算方法。

电费管理是指按照国家批准的电价，依据用户的实际用电情况和用电计量装置的记录，计算电费，并及时、准确地回收电费。电费管理是电力企业经营管理的重要环节，是供电企业营销管理的主要工作内容之一，也是电力企业生产和上缴国家利税的必要条件之一。

电费管理包括抄表、核算、收费、综合统计四个环节。

因电力企业的销售收入主要是电费收入，因此，如何保证售出的电能按时准确地抄表、计量和及时、足额地收回电费，是电力企业加强经营管理的重要环节。电力企业产品较单一，不能像其他企业一样在花色品种上下功夫，来提高经济效益，而只能通过加强对电能产品的管理来提高效益。而电能的价格高低悬殊，差别很大，电力企业只能依照政策批准的价格和有关规定计价收费，不能任意调价和变更国家的规定。但是，执行国家的电价制度时能否做到正确掌握，对销售收入也有直接影响。用电计量装置的准确与否，对窃电、违章（约）的稽查处理及时与否，也将直接影响到电力企业的销售收入。因此，加强电费管理可提高企业和社会的经济利益。

一、电费管理的作用、工作内容及基本工作程序

1. 电费管理的作用

电力销售是电力供应的最后一个环节，把电能销售给用户，并且是作为一种特殊的商品销售给用户，应该按照公平等价交换的原则。电费的收取是电力企业生产全过程的最后环节，也是电力企业生产经营成果的最后体现。担任电能销售工作的部门，不仅应有计划地组织销售企业产品——电能，同时，还要及时地回收产品的销售收入——电费。加强电费管理，有利于严格执行国家电价政策，维护电力企业和用户双方的经济利益，加强电费核算管理，可为用户正确核算其产品成本中的动力费用提供准确数据，也可为电力企业经营和决策提供准确信息。

2. 电费管理的工作内容

（1）严格执行国家的电价政策。

（2）做到应收必收，收必合理。

（3）严格按照国家电价规定，正确计算和核算电费，将电费及时回收和上交。

（4）应经常宣传国家能源政策和电力部门有关用电管理的方针政策，解答用户对有关规定的询问和意见。

（5）掌握了解用户是否严格按规章制度办事，是否有违章用电和窃电现象，电能计量装置运行是否正常。

3. 电费管理的基本工作程序

（1）建立用户用电分户账。

（2）建立用电业务工作传票（工作凭证）制度。

（3）建立用户户务档案。

二、抄表工作的要求及抄表方式

抄表，是将用户计费电能表所指示的电量实际抄录的过程，是供电部门核算用户电量、收取电费、统计线损、统计行业分类电量、分析用户用电情况及考核的重要依据，也是进行用电检查的重要环节。由于用户多，用电情况复杂且经常变化，因此一定要采取切实可行的措施，提高抄表核算的工作效率和质量。

1. 对抄表工作的主要要求

抄表工作系电费工作的龙头环节。按时、准确抄表关系到电量的正确统计，对电力企业的经济效益和经济指标的完成及统计分析起着举足轻重的作用。对抄表工作的主要要求如下：

（1）认真整理抄表卡片，详细检查用户更换电能表、互感器的情况，以备现场核对。

（2）外出抄表前，要认真检查抄表工具、交通用具是否齐全适用，有关证件是否带齐。

（3）抄表卡中各项数据应填写整齐，字迹应端正清楚。

（4）要在规定时间内对用户电能表进行实抄，不能估抄，实抄率要达到100%。

2. 抄表方式

抄表方式主要有远程抄表、集中抄表、抄表器抄表、人工抄表等。

现有抄表方法有：

（1）现场手抄。这是一种传统的方法。对中、小型用户和居民用户过去都采用抄表员到现场进行手抄的办法抄表。

（2）现场微电脑抄表器抄表。

（3）远程遥测抄表。

（4）小区集中低压载波抄表。

（5）红外线抄表。

（6）电话抄表。对安装在供电企业变电站或边远地区用户变电站内的用电计量装置，可以用电话报读进行抄表，但需定期核对。

（7）与专业性抄表公司签订合同，委托抄表公司代理抄表，并支付相应的劳务费。还可采用电力、煤气、自来水等单位联合一次抄表的办法以方便居民。

3. 抄表的自动化系统

（1）现场微电脑抄表器抄表。对中、小型用户及居民用户使用微电脑抄表器抄表，是将抄表器通过接口与用电营业系统微机接口，将应抄表用户的数据传入抄表器，抄表员将用电量数输入抄表器内，再将抄表器存储的数据通过接口传入营业系统的微机进行电费计算。

（2）远程遥测抄表。利用负荷控制装置的功能综合开发，形成一套数据共享装置及其他远动传输通道，实现用户电量远程抄表。也可适量采用质量可靠合格的自动化抄表系统抄表。

（3）小区集中低压载波抄表。小区内居民用户的用电计量装置读数，通过低压载波等载波通道传送到小区变电站内，抄表人员只需到小区变电站内即可集中采集抄录到该小区内所有用户的用电计量装置读数。

（4）红外线抄表。抄表员可应用红外线抄表器抄表。

三、退补电量、电费的计算方法

（一）电能计量装置的倍率计算

1. 直接接入式的低压电能表的计量倍率

$$计量倍率 = 计度器倍率$$

【例 6-1】 某用户装有一单相电能表，电能表的计度器倍率为 10，电能表度数为 75kWh。求实际用电量是多少？

解 实际用电量：$\qquad W = 75 \times 10 = 750$（kWh）

2. 配装电流互感器的低压电能表的计量倍率

$$计量倍率 = 电流互感器的变比 \times 计度器倍率$$

【例 6-2】 有一用户装有 5A、380/220V 三相四线电能表一只，配装三只 300/5A 的电流互感器，电能表度数为 40kWh。问实际用电量是多少？

解 倍率：$\qquad K = 300/5 = 60$

实际用电量：$\qquad W = 40 \times 60 = 2400$（kWh）

3. 配置电流、电压互感器而电能表本身无电流、电压比值的计量装置的计量倍率

$$计量综合倍率 = 电流互感器变比 \times 电压互感器变比 \times 计度器倍率$$

（二）误差电量的计算

当电能计量装置发生误差时，应进行误差电量的计算，以退补电量。

1. 电能表的绝对误差

若 W 为电能表记录电量，即抄算电量，W_0 为实际电量，则电能表的绝对误差 ΔW 为

$$\Delta W = W - W_0$$

若 $\Delta W > 0$，则多计了电量；若 $\Delta W < 0$，则少计了电量。

电能计量的相对误差为

$$\gamma = \frac{W - W_0}{W} \times 100\%$$

2. 电能计量超差的退补电量

它是按照绝对误差计算的。W 是抄见电量，而 ΔW 是退补电量

$$\Delta W = \frac{\gamma}{1 + \gamma} W \tag{6-1}$$

3. 电能计量其他误差

（1）电能表自转（潜动）。电能表自转，多计电量应退，其计算公式为

$$\Delta W = \frac{N t_n \times 3600}{T_K \times K_M} \tag{6-2}$$

式中　N——电能表自转天数；

　　t_n——用户每日停用电时间，h；

　　T_K——表盘自转 1 圈时间，s；

　　K_M——电能表常数。

（2）卡盘、卡字、电压线圈不通。

1）单相或三相电能表的应补电量，$\Delta W = \dfrac{\dfrac{原表正常时}{1 \text{ 个月用电量}} + \dfrac{换表后到}{抄表日用电量}}{2 \times 用电日数} \times 故障日数。$

2）以 3 只单相电能表代替 1 只三相电能表，在三相负荷平衡时，若其中 1 只表故障，则以另 2 只表正常电度乘以 1.5 计算；若其中 2 只表故障，则以第三只表正常电度乘以 3 计算。在三相负荷不平衡时，可采用故障那一相原正常情况的用电量取 6 个月的平均值推算。

（3）跳字。其计算式为

$\Delta W =$ 已收电量 $- 0.5$ [（原表正常时 1 个月电量 + 换表后至抄表日电量 $\times 30$）/用电日数]

4. 误接线更正电量

通常，采用更正系数法计算。应用更正系数法求退补电量应先求出更正系数，所谓更正系数就是正确电量与错误电量之比，其计算公式为

$$K_g = \frac{正确电量}{错误电量} = \frac{W_0}{W}$$

这样，只要能求得更正系数，便可根据抄见的错误电量求出实际用电量。

更正系数一般是从对错误接线的分析中求得的。因为电量正比于功率，所以表示出电能表在错误接线下的功率，便可求出 K_g 的值。错误功率又可根据错误接线下的相量图求得。求出 K_g 值，即可求出退补电量 $\Delta W = W - W_0$，$\Delta W > 0$，表示应退还多计电量；$\Delta W < 0$，表示应追补少计的电量。

四、电费核算、收费的工作流程及收费方式

（一）电费核算

电费核算是电费管理的中枢环节，是为提高企业经济效益服务的。电费是否能按照规

定及时、准确地收回，账务是否清楚，统计数字是否准确，关键在于电费核算的质量，在于核算工作能否正确掌握和执行电价政策。

电费核算人员必须根据《供电营业规则》及当地电力主管部门制定的实施细则、现行电价制度、规定及电费核算方法，对营业转入的各项传单、凭证、票据，对抄表人员返转的卡、据、票及凭证、票据，对收费人员返转的单据、凭证、报表等，进行严格审查、核算及认真登记。发现差错应及时更正，并通知（或会同）有关岗位人员处理，保证卡、单、据、票及凭证等正确无误。此外，电费核算人员还应定期核对各种账、卡、表，办理电量调整及电费退补事宜，发放和保管各种单据及保管和使用收费专用章，填写及编制有关报表，以保证电费的准确回收和及时反映情况。

核算工作的主要内容有：

（1）电费账单的制成和保管。

（2）按核算例日根据抄表卡片进行电费核算，并发行电费收据，填写计算票和应收电费发行表。

（3）审核电费收据，复核应收电费发行表，审核无误后加盖收费章，并填写总应收电费发行表。

（4）正确计算月、季、年的电费回收率、月抄表实抄率、审核正确率等考核指标。

（5）处理有关核算工作的日常业务，解答用户有关电费问题的询问。

（二）电费回收工作

电费回收工作是电业营业管理中抄、核、收工作环节的最后一个环节，收费时间拖长会直接影响收费的完成率，会造成用户占用电力部门的资金而影响资金的周转速度。按期回收电费可保证电力企业的上缴资金和利润，保证国家的财政收入；可维持电力企业再生产及补偿生产资料耗费等开支所需要的资金，以促进电力企业更好地完成发、供电任务，满足国民经济发展和人民生活的需要，维护国家利益，维护电力企业和用户利益。

收费方式主要有：

（1）坐收。电业营业部门设立营业站或收费站（点），固定值班收费。

（2）走收。走收电费是指在抄表后由核算人员核算电费并开列电费收据，再由收费人员逐户上门收取。

（3）委托银行代收。电力企业可与银行（或信用社）签订委托代收电费协议。电业部门依据协议规定由抄表人员给所有以现金或支票交付电费的用户开出电费交费通知单，用户持此通知单到银行交付电费。

（4）银行托收。银行托收分托收无承付和托付承付两种。托收无承付是由收款单位将同城托收无承付结算凭证，不经过付款单位同意而由银行直接拨入收款单位的账户，托收承付是由收款单位将托收承付结算凭证送交银行，同时通知付款单位，再由银行托入收款单位账户。

（5）电储卡表。

五、抄表、核算、收费的管理方法

抄表员每月抄录的用户电能表读数，并以此数据及相应电能计量的倍率所计算出的每月用户实际用电量数，是电力工业企业按时将电费收回并上缴的依据，也是考核供电企业的售电量、线路损失率、供电单位成本等经济指标，考核用户的单位产品耗电量、计划分配用电量指标等的依据，也是各行业用电量统计分析的原始资料。因此，保证抄表质量十分重要。而电费核算是电费管理的中枢，因此正确进行电费核算也相当重要。

（一）抄表工作应注意

1）抄表日期应事先做好安排。

2）抄表时应对电能表有关记录进行核对，对有倍率的电能表更应注意核对。

3）对电力用户应了解用电性质有无变化，用电类别是否符合实际。

（二）电费核算的人员应注意

（1）严肃认真，一丝不苟，逐项审核。

（2）每日按分册的电费核算单逐项审核并汇总，作出总核算单，总核算单的分类相加应与分册核算的合计数字相符。这里所说的分册核算单是指抄表员每日抄表后根据每户的电量、金额以及不同用电类别，汇总作出当日抄表员所抄录的总电量及金额的统计报表。

（3）全部电力用户的电费卡片审核完毕后，汇总并按不同行业用电作出统计，应收电费核算凭单的电度数与金额必须与核算单相符。

（4）核算人员于每月月末应计算出实抄率、差错率、电费回收率等有关考核指标资料。

$$实抄率 = \frac{实抄户数}{应抄户数} \times 100\%$$

$$差错率 = \frac{差错件数}{实抄户数} \times 100\%$$

$$电费回收率 = \frac{实收电费金额}{应收电费金额} \times 100\%$$

（三）电费管理的统计工作

电费管理的统计工作主要以售电量、电价、电费为对象，以数量为内容。

（1）售电量月报表。售电量月报表是电费管理的基础统计报表，此报表主要反应的项目有：用电容量、应抄户数、实抄户数、售电量、基本容量、计费功率因数、电价、应收电费、实收电费、未收电费、往月欠费及本月回收数等。

（2）电力收支分类表。

（3）电费及电价明细表。

（4）应注意积累的资料。

1）历年及分月各行业用电量、用电容量及其增长情况；

2）历年用电结构变化情况；

3）历年各类用户增减变动情况；

4）历年及分月各行业售电平均单价及总售电平均单价变化情况和趋势；

5）历年各行业单位用电容量的用电量及其变化情况；

6）历年大工业用户基本电费、电度电费及其相互比例变化情况，用户计费功率因数及增减收电费变化情况；

7）历年及分月电费应收、实收、未收额及回收率、欠费情况；

8）历年及分月抄表实抄率、售电量完成率、电费回收率、电费额完成率等指标的情况。

（四）电费统计工作的要求

统计工作要做到齐全、准确、及时。

1）齐全是指数据要齐；

2）准确是指数据必须准确，不应有差错、失误；

3）及时是强调时间性。

六、电能销售统计、分析的基本方法

对用电的各项数据、情况及其相关动态进行科学的分类、统计、调查、分析，统称用电分析。

通过对各类用电数据和各行各业用电状况以及城乡居民生活用电状况进行纵向、横向、相连、相关、定量、定性的分析，弄清带规律性的社会经济发展动态、用电需求动态及发展趋势，找出存在的问题，从而为制订电力计划、分析电力成本，制订（修订）电价和相关的政策法规以及进行电力预测等提供决策性的参考资料；也为国家、地区制订国民经济中长期计划、进行宏观调控服务；也可促进安全、合理、节约用电，提高电能利用率。

1. 用电负荷分析

包括以下几个方面：

（1）地区供电量、网供电量、用电最大负荷、网供最大负荷、负荷率、峰谷差率分析，包括本期与上期比、本期与同期比、本期累计值及其同期比。

（2）负荷控制工作完成情况。

（3）单位产品耗电量的分析。包括主要产品本期单耗数值及同期比以及单位电量的分析、人均耗电量分析等。

（4）节电量分析。包括措施节电及单耗节电的本期数值及同期比，实现的重点节电措施及效果分析。

2. 销售指标分析

包括以下五点：

（1）电力营销主要指标（售电量、售电收入、售电平均单价）完成情况，即本期、累计完成值及占目标计划的百分值。

（2）售电量完成情况。按不同资源售电、按不同行业用电分类售电、按目录电价口径售电、重点用户售电分别分析其本期值、同期比重（本期、同期比）。

（3）售电单位收入。按目录电价口径售电单位收入进行统计分析，并分析单价影响因素（调整因素及增收措施因素等）。

（4）峰谷电价执行情况。包括本月累计执行户数、电量、分时电量（峰、谷、平）比例、同上月比、同期比。

（5）电费回收情况。包括各项电费应收、实收、欠费总额、上年陈欠、回收率等。

重点分析主要欠费行业及大用户情况及欠费原因分析。

3. 业扩报装情况分析

（1）业扩报装户数、容量情况统计分析。

（2）贴费收取及管理分析。

（3）供用电合同（协议）管理分析。

4. 营业普查情况分析

应按大工业（优待、非优待）、非工业、普通工业、农业、居民生活、非居民生活、商业、趸售、其他用电类别，分别统计分析普查户数、违章（违约）户数、窃电户数、补收电量、补收电费、收取违约使用费等情况。

5. 电费分析

（1）全面分析。按行业、地区的变化情况分析报告期的户数、售电量、平均电价、电费等。

（2）典型分析。对一个行业、一个用户的电量、电价、电费及其构成的变化原因进行从现象到本质、从实践到理论的分析。

（3）异常情况分析。对某行业或用户的售电量急剧升降或电费变化较大，或营业检查中发现的一些带普遍性或特殊性的问题进行分析。

（4）专题分析。如对售电量、电价水平、电价构成、电价执行、电费等其中的一个问题进行深入的分析。

课题四 业 务 扩 充

教学要求

了解业务扩充的工作内容及工程检查与装表接电的内容。

一、业务扩充的工作内容及工作流程

业务扩充又称业扩报装，是我国电力企业在用电营销工作中的一个业务术语，是电力企业进行电力供应与销售的受理环节。其主要含义是：受理用户的用电申请，根据用户用电容量、用电性质和电网现行情况及规划要求，制定确实可行的供电方案，组织供电工程的设计、施工，对用户的内部电气工程进行审查和验收，签订供用电合同，直到装表、送电全过程。这种完成全过程的工作就叫作业务扩充。用户申请用电，需要由用户全部或部分投资建设的供电工程叫作业扩工程。

业务扩充的主要工作环节：

1）受理用户的新装、增容及增设电源的申请；

2）经过调查，根据用户和电网情况，提出并确定供电方案；

3）批准申请用电指标；

4）收取各种费用；

5）组织业扩工程的设计、施工、验收；

6）对用户内部受电工程进行设计审查、中间检查和竣工检查；

7）签订供用电合同；

8）装设电能计量装置，办理接电事宜；

9）建立用户用电资料档案。

《供电营业规则》中规定：任何单位或个人新装用电、增加用电容量或变更用电都必须事先到供电企业用电营业场所提出申请，办理手续。

供电企业应在用电营业场所公告办理各项用电业务的程序、制度和收费标准。

供电企业的用电营业机构统一归口办理用户的用电申请和报装接电工作，包括用电申请书的发放及审核、供电条件勘查、供电方案确定及批复、有关费用收取、受电工程设计的审核、施工中间检查、竣工检验、供用电合同（协议）签订、装表接电等项业务。

用户申请新装或增加用电时，应向供电企业提供用电工程项目批准文件及有关的用电资料，包括用电地点、电力用途、用电性质、用电设备清单、用电负荷、保安电力、用电规划等，并依照供电企业规定的格式如实填写用电申请书及办理所需手续。

新建受电工程项目在立项阶段，用户应与供电企业联系，就工程供电的可能性、用电容量和供电条件达成意向性协议，方可定址，确定项目。

未按前款规定办理的，供电企业有权拒绝受理其用电申请。

如因供电企业供电能力不足或政府规定限制的用电项目，供电企业可通知用户暂缓办理。

供电企业对已受理的用电申请，应尽快确定供电方案，在一定期限内正式书面通知用户，若不能如期确定供电方案时，供电企业应向用户说明原因。用户对供电企业答复的供电方案有不同意见时，应及时提出意见，双方可再次协商确定。用户应根据确定的供电方案进行受电工程设计。

供电方案的有效期，是指从供电方案正式通知书发出之日起至受电工程开工日为止。

二、工程检查与装表接电的内容

业务扩充工程的审查、验收及装表接电是贯穿整个业务扩充工作的重要工作环节。此项工作的好坏，直接影响供用电双方的利益，是保证双方实现计划、安全、稳定、合理地供用电和实现双方收、支合理性的基础，因此必须认真对待业扩工程的审查、验收及装表接电工作。

（一）业扩工程设计审查

对新装、增容和改装电气装置的设计均进行审核，并应向用户提出书面审核意见，作为修改设计和施工时的依据。

1. 高压供电用户应报送的图纸资料

（1）上级批准的设计文件。内容包括生产规模、逐年和最终发展需要的用电设备容量、负荷性质、生产班次及保安电力情况。

（2）用电负荷内容。包括最高负荷、平均负荷、年电量、月电量、功率因数的计算说明及无功补偿装置情况。

（3）高压设备的一次主接线图、全厂用电负荷分配图以及变、配电室的内部设备平面布置图、房屋建筑设计图。

（4）过电压保护、接地装置、继电保护、计量装置方式等设计图，及其相应的设计计算说明。

（5）主要设备规范明细表。

2. 低压供电用户，应报送的图纸资料

（1）用电设备统计表。内容应包括动力设备名称、容量（kW）、台数、合计台数、合计容量、照明灯数、合计照明容量（kW）等。

（2）全厂配电系统单线接线图及计量表安装图。

（3）100kW以上的低压配电室设计布置图、设备安装图、进出线安装图及保护熔丝配置说明。

（二）业扩工程设计的审查内容

用户新装、增装或改装受电工程的设计、安装、试验与运行应符合国家有关标准；国家尚未制订标准的，应符合电力行业标准；国家和电力行业尚未制订标准的，应符合省（自治区、直辖市）电力管理部门的规定和规程。

工程设计的审查内容主要包括：确定用电有功负荷、无功负荷、企业变电所的一次接线、配电系统主接线及变电所位置的选定是否接近负荷中心，是否避开了易燃、易爆、振动和污秽地区；各级电压线路的引入、引出、架空线路是否有足够的走廊，变配电室、房屋建筑是否能保证设备运行安全及通风、操作、维护、检修方便；变压器、主断路器、母线、电缆、互感器等主设备的选择及电容器、电能计量方式、保护的选择与配备是否满足安全、经济、合理及控制方便的要求。

（三）业扩工程的检查与验收

为了保证业扩工程的施工质量，及时发现不符合供电方案和设计要求的安装、施工，使其施工工艺符合有关安装规程的要求，实现工程符合设计要求，按时、保质、安全、经济、合理地运行，所以在施工中间和工程全面竣工时，一定要进行中间检查和竣工验收工作。中间检查是指从电气设备安装约三分之二时开始直到验收合格期间，应通知装表、负荷控制、试验、继电保护等专业人员进行相应的准备及调试工作，并通知进网电工培训，检查用户安全工具、消防器材、必要的规程、管理制度的建立情况，以及各种必要记录表格的配备情况。竣工验收工作是指用户变配电工程安装竣工后，当地电业部门派人员进行的竣工检查验收。用户变配电工程竣工时，向供电部门报送的竣工报告应包括工程竣工说明、电气设备及保护的试验、整定报告，隐蔽工程的施工记录、值班人员情况等内容。

（四）装表接电工作的重要性

装表接电工作是用电管理部门的重要环节，各用电单位电气设备的新装、改装、添装竣工后，都须让电业装表接电人员安装或改装电能计量及计量附属设备，而这些装置的电能计量、装表接线、表计倍率的正确与否，直接影响到正确贯彻执行国家的电价制度和电费回收及用电管理方面的方针政策。如果出现表计不准、接线错误、倍率差错等现象，都会造成电业和用电单位的经济损失，同时给安全、合理、节约用电工作带来一定的困难。

电业供电部门应根据相关规定安装电能计量装置，以便计算电费。

电能计量装置包括计费电能表和电压、电流互感器及二次连接导线。

计费电度表的安装、移动、更换、校验、拆除、启封、加封、接线等工作，规定均由电业负责。

装表接电工作的主要任务是负责电力系统内计费的电能计量装置的查勘定位、安装验收、定期轮换及维修、故障处理等。

从事装表接电工作的工作人员应对所辖范围内的电能计量装置的准确性、可靠性和合理性负责。凡属电业部门考核与计费的电能计量装置，不得委托他人进行安装与验收投运。

课题五　日常营业工作

教学要求

了解日常营业的工作内容及有关法律规定，掌握日常营业的具体业务方法。

一、日常营业的工作内容

日常营业工作是电力工业企业的营业部门对已经接电立户的各类用户在用电过程中办理的业务变更事项和服务管理工作，即指营业部门需要日常处理的除了业务扩充之外的其他用电业务，它是营业管理工作的重要组成部分之一。

日常营业工作的项目多，范围宽、内容广泛、服务性及政策性强。就其在供电部门营业管理工作内容来说，大体可划分为变更用电及其管理类、用户管理类、服务性质类、用电检查类等。

（一）变更用电及其管理

用户需变更用电时，应事先提出申请，并携带有关证明文件，到供电企业用电营业场所办理手续，变更供用电合同。有下列情况之一者，为变更用电。

1）减少合同约定的用电容量（简称减容）；

2）暂时停止全部或部分受电设备的用电（简称暂停）；

3）临时更换大容量变压器（简称暂换）；

4）迁移受电装置用电地址（简称迁址）；

5）移动用电计量装置安装位置（简称移表）；

6）暂时停止用电并拆表（简称暂拆）；

7）改变用户的名称（简称更名或过户）；

8）一户分列为两户及以上的用户（简称分户）；

9）两户及以上用户合并为一户（简称并户）；

10）合同到期终止用电（简称销户）；

11）改变供电电压等级（简称改压）；

12）改变用电类别（简称改类）。

变更用电，必须事先到相应的供电部门办理手续。凡不办理手续而私自变更的，均属违章，应按违章用电处理。

《供电营业规则》中第二十三条至第三十六条中指出：

（1）用户减容，须提前五天向供电企业提出申请。供电企业应按下列规定办理：

1）减容必须是整台或整组变压器的停止或更换小容量变压器用电。供电企业在受理之后，根据用户申请减容的日期对设备进行加封。从加封之日起，按原计费方式减收其相应容量的基本电费。但用户申明为永久性减容的或从加封之日起期满两年又不办理恢复用电手续的，其减容后的容量已达不到实施两部制电价规定容量标准时，应改为单一制电价计费。

2）减少用电容量的期限，应根据用户所提出的申请确定，但最短期限不得少于六个月，最长期限不得超过两年。

3）在减容期限内，供电企业应保留用户申请的减少部分的容量的使用权。用户要求恢复用电，不再交付供电贴费；超过减容期限要求恢复用电时，应按新装或增容手续办理。

4）在减容期限内要求恢复用电时，应提前五天向供电企业办理恢复用电手续，基本电费从启封之日起计收。

5）减容期满后的用户以及新装、增容用户，两年内不得申办减容或暂停。如确需继续办理减容或暂停的，减少或暂停部分容量的基本电费应按50%计算收取。

（2）用户暂停用电，须提前五天向供电企业提出申请。供电企业应按下列规定办理：

1）用户在每一日历年内，可申请全部（含不通过受电变压器的高压电动机）或部分用电容量的暂时停止用电两次，每次不得少于十五天，一年累计暂停时间不得超过六个月。季节性用电或国家另有规定的用户，累计暂停时间另议；

2）按变压器容量计收基本电费的用户，暂停用电必须是整台或整组变压器停止运行。供电企业在受理暂停申请后，根据用户申请暂停的日期对暂停设备加封。从加封之日起，按原计费方式减收其相应容量的基本电费；

3）暂停期满或每一日历年内累计暂停用电时间超过六个月者，不论用户是否申请恢复用电，供电企业必须从期满之日起，按合同约定的容量计收其基本电费；

4）在暂停期限内，用户申请恢复暂停用电时，须在预定恢复日前五天向供电企业提出申请；暂停时间少于十五天者，暂停期间基本电费照收；

5）按最大需求量计收基本电费的用户，申请暂停用电必须是全部容量（含不通过受电变压器的高压电动机）的暂停，并遵守本条1）至4）项的有关规定。

（3）用户暂换（因受电变压器故障而无相同容量变压器替代，需要临时更换大容量变压器），须在更换前向供电企业提出申请。供电企业应按下列规定办理：

1）必须在原受电地点内整台的暂换受电变压器；

2）暂换变压器的使用时间，10kV及其以下的不超过两个月，35kV及其以上的不得超过三个月；逾期不办理手续的，供电企业可中止供电；

3）暂换的变压器经检验合格后才能投入运行；

4）暂换变压器增加的容量不收取供电贴费，但对两部制电价用户须在暂换之日起，按替换后的变压器容量计收基本电费。

（4）用户迁址，须提前五天向供电企业提出申请。供电企业应按下列规定办理：

1）原址按终止用电办理，供电企业予以销户。新址用电优先受理；

2）迁移后的新址不在原供电点供电的，新址用电按新装用电办理；

3）迁移后的新址在原供电点供电的，且新址用电容量不超过原址容量，新址用电不再收取供电贴费。新址用电花销的工程费用由用户负担；

4）迁移后的新址仍在原供电点，但新址用电容量超过原址用电容量的，超过部分按增容办理；

5）私自迁移用电地址而用电者，除按《供电营业规则》第一百条第五项（私自迁移、更动和擅自操作供电企业的用电计量装置、电力负荷管理装置、供电设施以及约定由供电企业调度的用户受电设备者，属于居民用户的，应承担每次500元的违约使用电费；属于其他用户的，应承担每次5000元的违约使用电费。）处理外，自迁新址不论是否引起供电点变动，一律按新装用电办理。

（5）用户移表（因修缮房屋或其他原因需要移动用电计量装置），须向供电企业提出申请。供电企业应按下列规定办理：

1）在用电地址、用电容量、用电类别、供电点等不变情况下，可办理移表手续；

2）移表所需的费用由用户负担；

3）用户不论何种原因，不得自行移动表位。

（6）用户暂拆（因修缮房屋等原因需要暂时停止用电并拆表），应持有关证明向供电企业提出申请。供电企业应按下列规定办理：

1）用户办理暂拆手续后，供电企业应在五天内执行暂拆；

2）暂拆时间最长不得超过六个月。暂拆期间，供电企业保留该用户原容量的使用权；

3）暂拆原因消除，用户要求复装接电时，须向供电企业办理复装接电手续并按规定交付费用。上述手续完成后，供电企业应在五天内为该用户复装接电；

4）超过暂拆规定时间要求复装接电者，按新装手续办理。

（7）用户更名或过户（依法变更用户名称或居民房屋变更户主），应持有关证明向供电企业提出申请。供电企业应按下列规定办理：

1）在用电地址、用电容量、用电类别不变的条件下，允许办理更名或过户；

2）原用户应与供电企业结清债务，才能解除原供用电关系；

3）不申请办理过户手续而私自过户者，新用户应承担原用户所负债务。经供电企业检查发现用户私自过户时，供电企业应通知该户补办手续，必要时可中止供电。

（8）用户分户，应持有关证明向供电企业提出申请。供电企业应按下列规定办理：

1）在用电地址、供电点、用电容量不变，且其受电装置具备分装的条件时，允许办理分户；

2）在原用户与供电企业结清债务的情况下，再办理分户手续；

3）分立后的新用户应与供电企业重新建立供用电关系；

4）原用户的用电容量由分户者自行协商分割，需要增容者，分户后另行向供电企业办理增容手续；

5）分户引起的工程费用由分户者负担；

6）分户后受电装置应经供电企业检验合格，由供电企业分别装表计费。

（9）用户并户，应持有关证明向供电企业提出申请，供电企业应按下列规定办理：

1）在同一供电点，同一用电地址的相邻两个及以上用户允许办理并户；

2）原用户应在并户前向供电企业结清债务；

3）新用户用电容量不得超过并户前各户容量之和；

4）并户引起的工程费用由并户者负担；

5）并户的受电装置应经检验合格，由供电企业重新装表计费。

（10）用户销户，须向供电企业提出申请。供电企业应按下列规定办理：

1）销户必须停止全部用电容量的使用；

2）用户已向供电企业结清电费；

3）查验用电计量装置完好后，拆除接户线和用电计量装置；

4）用户持供电企业出具的凭证，领取电能表保证金与电费保证金。

办完上述适宜，即结束供用电关系。

用户连续六个月不用电，也不申请办理暂停用电手续者，供电企业须销户终止其用电。用户需再用电时，按新装用电办理。

（11）用户改压（因用户原因需要在原址改变供电电压等级），应向供电企业提出申请。供电企业应按下列规定办理：

1）改为高一等级电压供电，且容量不变者，免收其供电贴费。超过原容量者，超过部分按增容手续办理；

2）改为低一等级电压供电时，改压后的容量不大于原容量者，应收取两级电压供电贴费标准差额的供电贴费。超过原容量者，超过部分按增容手续办理；

3）改压引起的工程费用由用户负担。

由于供电企业的原因引起用户供电电压等级变化的，改压引起的用户外部工程费用由供电企业负担。

（12）用户改类，须向供电企业提出申请，供电企业应按下列规定办理：

在同一受电装置内，电力用途发生变化而引起用电电价类别改变时，允许办理改类手续。

（13）用户依法破产时，供电企业应按下列规定办理：

1）供电企业应予销户，终止供电；

2）在破产用户原址上用电的，按新装用电办理；

3）从破产用户分离出去的新用户，必须在偿清原破产用户电费和其他债务后，方可办理变更用电手续，否则，供电企业可按违约用电处理。

（二）用户管理工作

用户管理工作是指因电业部门自身需要，在开展用电营业工作业务时进行的工作。其管理工作内容主要有：

1）用户户务资料，包括各类报装接电的有关资料、工作传票（用电登记书）、账卡等，这些资料又称用户档案；

2）电能计量的资料；

3）电费计收有关账卡；

4）贴费计收有关账卡；

5）业务工程材料、费用管理；

6）用电检查，"三电"工作及违章用电和窃电的稽查工作；

7）对临时用电、临时供电以及转供电的管理；

8）资产移交的办理；

9）销户等工作。

（三）服务性工作

日常营业中的服务性工作是指用户因不了解国家、地方政府及供电部门的有关规定而来信来访，要求排解用电纠纷，提出质疑等时，电业部门解决这类问题所做的工作。其主要内容有：

（1）咨询类。用户想了解办理用电的有关手续，或想征求供电部门对其用电的意见，或征询、寻求电力设施的装置规定和合理使用方法等。

（2）宣传、解释类。包括宣传、解释电业规章制度、电价政策、安全节约用电常识等。

（3）排除用电纠纷类。当用户发生用电纠纷时，要按有关规定调解处理。

（4）处理人民来信来访类。

二、日常营业的具体业务工作方法

在日常营业工作中，营业工作人员应认真执行规章制度，切实搞好营业管理，提高服务质量。因此，营业工作必须在执行规章制度的前提下，用管理带动服务，以服务促进管理，努力做到执行规章制度严肃，管理方法得当，服务思想明确。

（一）掌握规章制度，处理好各类业务

营业工作不仅是电力企业经营成果的综合体现，也是供电部门与社会经营成果的综合体现，是供电部门与社会联结的重要纽带；它不仅是供电企业的销售环节，也关系到电力企业的信誉；不仅是电力企业再生产的市场信息源，也是国民经济发展情况的标志之一。一方面电力供应是工农业生产和人民生活的需要，另一方面则根据各行业的用电统计、分析，为国民经济发展提供依据。因此，营业人员必须充分认识营业工作的重要性，努力做好营业工作。

由于电能具有不能储存和产、供、销同时完成的特点，决定了供电部门和用户之间存在着互相依存的密切关系。为了协调双方关系，使电能的生产和使用得以正常进行，国家及其电力行业主管部门颁发了一系列法律、法规、技术规程和规章制度，营业管理工作者必须遵守和正确执行。

电能是能源的重要组成部分,营业工作者在当地政府和供电部门领导下,在日常工作中根据国家的能源政策,指导用户合理使用电能,使有限的电力资源用在最需要的地方,为社会创造更多的财富,为发展工农业生产,改善人民生活作出贡献。报装接电和日常营业工作的内容、方法都必须按党和国家开发和利用有限电力资源的方针、政策及规定办理。

在商品经济社会中,价格是最重要的经济杠杆。电价由国家制定,政策性强。在电费管理工作中,正确执行电价的实质是执行电价政策,这是营业工作的重要任务。

(二)注意技术、经济一体性

报装接电是在对政治、经济、技术条件进行综合评定和比较后,组织和办理电气工程的设计、施工(或审查)、检验、接电及签订协议等的技术、经济工作。日常营业工作不仅涉及技术、经济、政治领域,而且涉及市场、人类行为等学科。电费管理则属经济管理。由此可见,营业工作内容是技术、经济的结合体。

供电部门能否安全可靠地供给质量合格的电能,关系到每个用户的正常有秩序地生产和生活,而每个用户是否安全、经济、合理地用电,也关系着供电部门和其他用户的正常生产和生活。供电部门通过营业工作,在创造条件满足用户用电需要的同时,使本企业获得生存与发展。同时,要求和协助用户执行电业技术规程是电网取得安全、经济运行的外部条件。这些都要求营业工作者在承办每项工作时要注意技术、经济的一体性,即技术与经济的一致性,具体要求如下:

(1)为了向用户安全、不间断地提供电能,营业工作者须在接电前向用户提出要求,监督、检查用户按国家技术规范安装电气设备的情况;而用户电气运行人员应具有一定的基础知识和技术水平,要有健全的运行规章和交接班制度,并切实执行。

(2)为向用户提供质量合格的电能,营业工作人员应协助或指导用户做好无功电力补偿和电压管理工作,帮助用户配合供电部门共同保持与提高电能质量。

(3)为维护电力企业正当、合法的利益,并公平、合理地对待用户,营业工作人员在协助用户做好安全、合理、节约用电工作的同时,须正确执行电价政策,按各类用户实际用电量,及时、合理、全部地回收电费。

(三)服务性

当人们将电能用于满足日常生活需要时,它是消费品;当用于社会生产时,它以动力、材料等形式出现,是生产资料。电能的用户是整个社会,电能不仅为提高全社会的生活水平和生产力服务,也为其创造了良好的条件,呈现出社会公益性。从某种含义上说,电力企业也属于社会公益服务事业。

供电部门的营业部门是供电部门为社会各行各业服务的窗口,这是因为:

(1)日常大量的用电工作要通过各项营业工作程序进行办理。

(2)国家对电力工业的方针、政策要通过营业工作人员进行广泛宣传和执行。

(3)用户对供电部门的要求通常由营业工作人员解决或反映。

(4)用户要了解的供用电事宜,要由营业工作人员解答。

（5）用户之间的用电纠纷要由营业工作人员进行调节或仲裁。

（6）负责市场信息的收集、整理并提供给电力企业主管机关和政府有关部门，这主要通过营业资料的统计、整理、分析来完成。

营业工作者代表电力企业为用户提供上述服务的同时，还要为党和国家，为电力企业自身，为用户提供以下劳动服务：

（1）为执行国家对电力供应与使用的法规、政策的劳务，主要表现为执行用电管理及信息收集、加工、整理等工作。

（2）从事供电部门经营管理的劳务，主要是营业工作，以维护和提高供电部门的经济效益。

（3）为用户办理报装接电及各项日常业务、工程等劳务，主要是创造条件，满足用户用电。营业工作者是供电部门和用户之间的桥梁，其服务质量、服务态度和办事效率是决定电力企业（特别是供电部门）在社会上的信誉的关键。"用户至上"是营业工作人员处理和办理任何工作的出发点和立足点。

（四）生产与经营的统一性

电力企业的生产目的就是向社会和用户提供合格、充足的电能。

用户的不断增加和电能需求量的持续增长，是供电企业发展的前提条件；供电部门在为社会提供服务的过程中，公正、合理地从社会取得正当的报酬。其中，供电部门生存和发展所必需的物质利益的大小，在很大程度上取决于经营管理工作。

电力设施建设的预测要依靠营业工作人员在开展营业工作时收集和掌握的信息，建设所需资金的主要来源是靠收回电费，这就要求电力企业必须将电能生产与经营管理融为一体。电能生产依赖于经营管理，营业又要为发展生产创造条件并服务于生产。因此，营业工作人员在开展业务时，既要贯彻为用户服务的精神，简化手续、方便用户、及时供电，又要注意电力安全生产与安全用电的技术要求，要满足当前用户与电业的合理利益，实现供电企业生产经营的最终目的。

三、供电营业的有关法律规定

（一）供电营业区

供电企业在批准的供电营业区内向用户供电。

供电营业区是指向用户供应并销售电能的地域。经国家核准的供电营业区是电网经营企业或者供电企业依法专营电力的区域。国家对供电营业区的设立、变更实行许可证管理制度。

供电营业区的划分，应当考虑电网的结构和供电合理性等因素。一个供电营业区内只设立一个供电营业机构。电网经营企业应当根据电网结构和供电合理性的原则协助电力管理部门划分供电营业区。

供电营业区的划分和管理办法，由国务院电力管理部门制定。

并网运行的电力生产企业按照并网协议运行后，送入电网的电力、电量由供电营业机构统一经销。

用户用电容量超过其所在的供电营业区内供电企业供电能力的，由省级以上电力管理部门指定其他供电企业供电。

根据电力生产供应特点，为确保电网安全经济运行和供电服务质量，在一个供电营业区域内，只准设一个供电营业机构。

供电营业区原则上以省、地（市）、县行政区的划分为基础，根据电网结构、供电能力、供电质量、供电的经济合理性等因素划分确定。

供电营业区分为下列四类：

1）跨省（自治区、直辖市）行政区划的供电营业区；

2）省（自治区、直辖市）内跨地（市）行政区划的供电营业区；

3）地（自治区、省辖市）内跨县行政区划的供电营业区；

4）县（市）内跨乡镇行政区划的供电营业区。

为便于分级管理，根据电网结构和行政区划的不同，一般可将跨省营业区划分为省、地、县三级营业区；省级营业区分划为地、县两级营业区；地级营业区分划为若干个县级营业区；并在每级营业区内设立相应的供电营业分支机构。

申请供电营业区者，须具备下列条件：

1）具有独立企业法人资格和企业章程；

2）具有能满足该地区用电需求的供电能力；

3）具有与经营业务相适应的资金、场所、设施和技术手段；

4）具有与经营业务相适应的专门技术与业务人员、管理制度、技术标准；

5）具有与该地区社会与经济发展相适应的电力发展规划；

6）国务院电力管理部门规定的其他条件。

供电企业不得越出核准的供电营业区供电，下列情况不在此限：

1）经省级以上电力管理部门同意，在其他供电营业区设置的电力设施；

2）经省级以上电力管理部门同意向其他供电企业供电营业区内用户实施的供电；

3）应其他供电企业请求并经核准，对其营业区内的用户实施的供电；

4）根据国务院电力管理部门的规定实施的供电。

由于政治、军事、安全等原因，对供电质量有特殊要求或用电对供电质量产生严重影响的用户，可由省级以上电力管理部门指定供电企业供电。

供电营业区自核准之日起，期满3年仍未对无电地区实施供电的，如省级以上电力管理部门认为必要，可缩减其供电营业区。

供电企业因破产或其他原因需要停业时，必须在停业前一个月向省电力管理部门提出申请，并交出《供电营业许可证》，经核准后，方可停业。

供电营业区的变更，由原受理审批该供电营业区的电力管理部门办理。

供电营业区的扩展或合并、缩小、分立、更名等变更，需办理变更申请。

跨省、省级、地级电网经营企业，在取得《供电营业许可证》后，应将批准的营业区内设立的供电营业机构的有关情况，向该行政区的电力管理部门备案，以便于进行监督管理。

为加强供电营业管理，建立正常的供电营业秩序，保障供用电双方的合法权益，根据

《电力供应与使用条例》和国家的有关规定，1996年10月电力工业部发布了《供电营业规则》。

（二）供电方式

（1）供电企业供电的额定频率为交流50Hz。

（2）供电企业供电的额定电压：

1）低压供电。单相为220V，三相为380V；

2）高压供电。为10kV、35（63）kV、110kV、220kV。

除发电厂直配电压可采用3kV或6kV外，其他等级的电压应逐步过渡到上列额定电压。

用户需要的电压等级在110kV及以上时，其受电装置应作为终端变电站设计，方案经省电网经营企业审批。

（3）供电企业对申请用电的用户提供的供电方式，应从供用电的安全、经济、合理和便于管理的角度出发，依据国家的有关政策和规定、电网的规划、用电需求以及当地供电条件等因素，进行技术经济比较，与用户协商确定。

（4）用户单相用电设备总容量不足10kW的可采用低压220V供电。但有单台设备容量超过1kW的单相电焊机、换流设备时，用户必须采用有效的技术措施以消除对电能质量的影响，否则应改为其他方式供电。

（5）用户用电设备容量在100kW及以下或需用变压器容量在50kVA及以下者，可采用低压三相四线制供电，特殊情况也可采用高压供电。

用电负荷密度较高的地区，经过技术经济比较，采用低压供电的技术经济性明显优于高压供电时，低压供电的容量界限可适当提高。具体容量界限由省电网经营企业作出规定。

（6）供电企业可以对距离发电厂较近的用户，采用发电厂直配供电方式，但不得以发电厂的厂用电源或变电站（所）的站用电源对用户供电。

（7）用户需要备用、保安电源时，供电企业应按其负荷重要性、用电容量和供电的可能性，与用户协商确定。

用户重要负荷的保安电源，可由供电企业提供，也可由用户自备。遇有下列情况之一者，保安电源应由用户自备：

1）在电力系统瓦解或由于不可抗力造成供电中断时，仍需保证供电的；

2）用户自备电源比从电力系统供给更为经济合理的。

供电企业向有重要负荷的用户提供的保安电源，应符合独立电源的条件。有重要负荷的用户在取得供电企业供给的保安电源的同时，还应有非电性质的应急措施，以满足安全的需要。

（8）对基建工地、农田水利、市政建设等非永久性用电，可供给临时电源。临时用电期限除经供电企业准许外，一般不超过六个月，逾期不办理延期或永久性正式用电手续的，供电企业应终止供电。

使用临时电源的用户不得向外转供电，也不得转让给其他用户，供电企业也不受理其变更用电事宜。如需改为正式用电，应按新装用电办理。

因抢险救灾的需要紧急供电时，供电企业应迅速组织力量架设临时电源。所需的工程费用和应付的电费，由地方人民政府有关部门负责，从救灾经费中拨付。

（9）供电企业一般不采用趸售方式供电，以减少中间环节。特殊情况需开放趸售供电时，应由省级电网经营企业报国务院电力管理部门批准。

趸购转售电单位应服从电网的统一调度，按国家规定的电价向用户售电，不得再向乡、村层层趸售。

电网经营企业与趸购转售电单位应就趸购转售事宜签订供用电合同，明确双方的权利和义务。

（10）用户不得自行转供电。在公用供电的设施尚未到达的地区，供电企业征得该地区有供电能力的直供用户同意，可采用委托方式向其附近的用户转供电力，但不得委托重要的国防军工用户转供电。

委托转供电应遵守下列规定：

1）供电企业与委托转供户（以下简称转供户）应就转供范围、转供容量、转供期限、转供费用、转供用电指标、计量方式、电费计算、转供电设施建设、产权划分、运行维护、调度通信、违约责任等事项签订协议。

2）转供区域内的用户（以下简称被转供户），视同供电企业的直供户，与直供户享有同样的用电权利，其一切用电事宜按直供户的规定办理。

3）向被转供户供电的公用线路与变压器的损耗电量应由供电企业负担，不得摊入被转供户用电量中。

4）在计算转供户用电量、最大需求量及功率因数调整电费时，应扣除被转供户、公用线路与变压器消耗的有功、无功电量，最大需求量按下列规定折算：

a. 照明及一班制，每月用电量 180kWh，折合为 1kW；

b. 二班制，每月用电量 360kWh，折合为 1kW；

c. 三班制，每月用电量 540kWh，折合为 1kW；

d. 农业用电，每月用电量 270kWh，折合为 1kW。

5）委托的费用，按委托的业务项目的多少，由双方协商确定。

（11）为保障用电安全，便于管理，用户应将重要负荷与非重要负荷、生产用电与生活区用电分开配电。

（三）供电质量与安全供用电

在电力系统正常状态下，供电频率的允许偏差为：

1）电网装机容量在 300 万 kW 及以上的，为 ±0.2Hz；

2）电网装机容量在 300 万 kW 以下的，为 ±0.5Hz。

在电力系统非正常状况下，供电频率允许偏差不应超过 ±1.0Hz。

在电力系统正常状况下，供电企业供到用户受电端的供电电压允许偏差为：

1）35kV 及以上电压供电的，电压正、负偏差的绝对值之和不超过额定值的 10%；

2）10kV 及以下三相供电的，为额定值的 ±7%；

3）220V 单相供电的，为额定值的 −10% ～ +7%。

在电力系统非正常状态下，用户受电端的电压最大允许偏差不应超过额定值的 ±10%。

用户用电功率因数达不到《供电营业规则》的规定的，其受电端的电压不受此限制。

电网公共连接点、电压正弦波畸变率和用户注入电网的谐波电流不得超过国家标准的相关规定。

用户的非线性阻抗特性的用电设备接入电网运行所注入电网的谐波电流和引起公共连接点电压正弦波畸变率超过标准时，用户必须采取措施予以消除。否则，供电企业可中止对其供电。

用户的冲击负荷、波动负荷、非对称负荷对供电质量产生影响或对安全运行构成干扰和妨碍时，用户必须采取措施予以消除。如不采取措施或采取措施不力，达不到国家相应标准规定的要求时，供电企业可中止对其供电。

供电企业和用户应共同加强对电能质量的管理。因电能质量某项指标不合格而引起责任纠纷时，不合格的质量责任由电力管理部门认定的电能质量技术检测机构负责技术仲裁。

（四）用电计量与电费计收

供电企业应在用户每一个受电点内按不同电价类别，分别安装用电计量装置。每个受电点作为用户的一个计费单位。

在用户受电点内难以按电价类别分别装设用电计量装置时，可装设总的用电计量装置，然后按其不同电价类别的用电设备容量的比例或定量进行分算，分别计价。

课题六 供用电合同

教学要求

了解供用电合同的含义、主要内容、形式、种类以及双方应承担的义务。

一、供用电合同的含义和签订供用电合同的目的、意义

合同也称契约，是两个或两个以上的当事人关于确立、变更或者终止民事法律关系的协议。

经济合同是平等民事主体的法人、其他经济组织以及个体工商户、农村承包经营户之间为实现一定的经济目的，明确相互权利和义务而订立的合同。经济合同属于合同的一种。

供用电合同是我国经济合同法明文规定的重要合同之一。供用电合同指供电方（供电企业）根据用户的需要和电网的可供能力，在遵守国家法律、行政法规，符合国家供用电政策的基础上，与用电方（用户）签订的明确供用电双方权利和义务关系的协议。

《电力法》中规定："电力供应与使用双方应当根据平等自愿、协商一致的原则，按

照国务院制定的电力供应与使用办法签订供用电合同，确定双方的权利和义务。"

签订供用电合同是为了保护合同当事者的合法权益，明确双方的责任，维护正常的供用电秩序，提高电能使用的经济效果。签订供用电合同需要考虑电网的可供电能力。由于机组故障、燃料供应不足、交通运输不及时等，都可能影响到供用电合同的正常履行。从这个意义上讲，供用电合同的签订比其他经济合同的条件更为严格。因此，必须考虑当事人对合同的影响和制约，根据平等自愿、协商一致的原则，按照国家有关规定签订供用电合同。

《电力供应与使用条例》中对签订供用电合同作了如下规定：

供电企业和用户应当在供电前根据用户需要和供电能力签订供用电合同。

供用电合同应当具备如下条款：

（1）供电方式、供电质量和供电时间。

（2）用电容量和用电地址、用电性质。

（3）计量方式和电价、电费结算方式。

（4）供用电设施维护责任的划分。

（5）合同的有效期限。

（6）违约责任。

（7）双方共同认为应当约定的其他条款。

供电企业应当按照合同约定的数量、质量、时间、方式，合理调度和安全供电。

用户应当按照合同约定的数量、条件用电，交付电费和国家规定的其他费用。

供用电合同的变更或者解除，应当依照有关法律、行政法规和本条例的规定办理。

订立供用电合同是法律行为，合同依法订立即具有法律效力，当事人必须受合同的约束。供用电合同的法律约束力表现在：

（1）在供用电合同正式成立后，当事人双方都受合同的约束。一方面都要按照合同的规定，全面履行自己承担的义务和责任；另一方面都有权利要求对方严格履行合同规定的义务。

（2）如果由于情况变化，需要变更或解除供用电合同时，应经双方协商，达成新的协议，任何一方不得擅自变更或解除合同，否则视为违约行为。

（3）除不可抗力或合同双方当事人在合同中另有约定的情况外，当事人不能履行或不能完全履行合同时，应当负违约责任，按合同约定和法律规定支付违约金。如果当事人一方仍要求履行供用电合同时，应继续履行。

（4）供用电合同还是一种法律文书，是处理双方纠纷的依据。当事人之间的争议，应按合同条款的规定协商解决；协商不成时，可申请调节或仲裁，也可向人民法院起诉。

供用电合同制度是供电企业和用户以合同的形式明确相互权利和义务关系，运用法律手段进行供用电管理的一种制度。

建立供用电合同制度是供电企业走向法制化管理的重要举措。其意义表现在：

（1）顺应社会发展的需要。随着社会主义市场经济体制的逐渐完善和发展，全社会法制观念不断普及和提高，依法治国、依法管理的意识正深入民心。社会的发展要求供电企业必须改变过去的行政管理模式，尽快运用新的方式进行供用电管理。通过推行供用电合同制度，运用法制化手段管理供用电行为，可以有效地促进供电企业从粗放经营向集约经营转变，有效保障供电企业的公司化改组、商业化运营、法制化管理的实现。

（2）维护正常的供用电秩序。订立供用电合同后，供用电双方都要严格履行合同，按合同约定的时间、数量供应和使用电力，使电网的安全、稳定、经济运行得到保证，使用电秩序得到明显改善。

（3）促进双方改善经营管理。供用电合同是一种用法律手段管理经济的方法，合同的履行与否直接关系到供用电双方的切身利益。如果供电方或用电方不能按时、按质、按量全面履行合同约定的义务，就要承担违约的经济责任。因此，为了全面履行合同，供用电双方都必须在各自的生产经营活动中，对电力的供应和使用进行严格管理。

（4）维护供用电双方的合法权益。供用电合同一经订立，双方的合法权益就受到国家法律的保护，用电方按合同的规定有权按时、按质、按量得到电力供应，供电方按合同规定有权得到相应的电费。供用电合同的订立，使供用电双方的合法权益有了可靠保障。

供用电合同订立的原则：

（1）贯彻合法原则。供用电合同是一种合法的法律行为，只有当它的内容遵守国家的法律、行政法规，才受到法律的保护。

（2）贯彻平等互利原则。供用电合同当事人双方或多方平等地享有供用电权利和平等地承担供用电义务。

（3）贯彻协商一致原则。供用电合同当事人在签订供用电合同时，应在自愿协商的基础上达到意见一致，不得进行胁迫或欺诈，任何一方不得把自己的意志强加给对方，搞"霸王合同"。

（4）贯彻等价有偿原则。供用电合同是供用电双方平等互利的经济往来关系，必须是等价有偿的。在供用电合同中，供电方有按时、按质、按量供应电力的义务，同时享有取得所供电力相应价款的权利，用电方有支付所有电力价款的义务，同时享有按时、按量使用电力的权利。

（5）必须根据用电方的用电需要和电网可供电能力签订供用电合同。

二、供用电合同和供用电协议的主要内容、形式、种类

（一）供用电合同的主要内容

供用电合同的主要内容包括：供电方式、供电容量、电能质量、用电性质、用电地址及时间、计量方式、电价类别、电费结算方式、供用电设施维护责任及违约责任等条款。

供用电合同的有关内容根据双方已认可或协商一致的下列文件作为依据。

（1）用户的用电申请报告或用电申请书。

（2）新建项目立项前双方签订的供电意向性协议。

（3）供电公司批复的供电方案。

（4）用户受电装置施工竣工检验报告。

（5）用电计量装置安装完工报告。

（6）供电设施运行维护管理协议。

（7）其他双方事先约定的有关文件。

对用电量大的用户或供电有特殊要求的用户，在签订供用电合同时，可单独签订电费结算协议和电力调度协议等。

（二）供用电合同的形式和种类：

按用户类别的不同，供用电合同分为三种：

（1）居民用户供用电合同。

（2）电力用户供用电合同。

（3）特殊用户供用电合同。

根据不同供电方式和用电需求，供用电合同共分为六类：

（1）高压供用电合同。适用于供电电压为 10kV（含 6kV）及以上的高压电力用户。

（2）低压供用电合同。适用于供电电压为 220V/380V 低压普通电力用户。

（3）临时供用电合同。适用于《供电营业规则》中所规定的短时、非永久性用电的用户，如基建工地、农田水利、市政建设、抢险救灾等。

（4）趸购电合同。适用于以向供电企业趸购电力，再转售给用户购电的情况。

（5）委托转供电协议。适用于公用供电设施未到达地区，供电方委托有供电能力的用户（转供电方）向第三方（被转供电方）供电的情况。这是在供电方分别与转供电方和被转供电方签订供用电合同的基础上，三方共同就转供电有关事宜签订的协议。

（6）居民供用电合同。适用于居民用户的用电需求。由于居民用户用电需求类同，供电方式简单，对居民用户的供用电合同，可以采用背书的方式（居民用电须知印于用电申请书背面）或以居民生活用电证中印"居民用电须知"的方式处理。

供用电合同应采用统一的标准书面格式。当事人双方协商同意的有关修改供用电合同的文书、电报、图表以及供用电双方另行签订的调度协议、并网协议、电费结算协议等，都是供用电合同书面格式的组成部分。供用电合同的条款与内容，应根据用户的用电需求和供电方式，以围绕明确双方的权利、义务和在供用电活动中发生法律责任如何确认为主线来制订。

（三）供用电合同履行过程中供用电双方的主要权利和义务

供电方的主要权利：供电企业在核准的供电营业区内享有电力供应经销专营权和按国家规定的电价向用电方收取相应电费的权利。

用电方的主要权利：依法使用电力的权利。

1. 供电方的主要义务

1）对本供电营业区内申请用电的单位和个人，有按国家规定提供电力的义务；

2）有按合同规定的数量、质量、时间、方式合理调度和安全供电的义务；

3）用户对供电质量有特殊要求时，根据其必要性和电网的可能性、有对其提供相应电力的义务；

4）在抢险救灾需要紧急供电时，有尽快供电的义务；

5）因故需要停电时，有按规定事先通知用户和进行公告的义务；引起停电或限电的原因消除后，有尽快恢复供电的义务；

6）有在其供电营业场所公告用电的程序、制度和收费标准的义务。

2. 用电方的主要义务

1）在行使各项用电权利之前，有到当地供电企业办理手续并按国家规定交付费用的义务；

2）对自身的受送电装置，有义务接受供电企业对其图纸的审核，对隐蔽工程的施工监督和对工程竣工后的检验；

3）有按规定安装和保护用电计量装置的义务；

4）有按合同约定的数量、条件用电，交付电费和国家规定的其他费用的义务。

课题七　电力市场开拓

教学要求

　　了解我国电力市场特点以及做好业扩报装等营销方面工作的方法。

一、我国电力市场的现状及潜力

在现代市场经济条件下，企业必须根据市场需要配置资源、制定战略、安排供应。因此，必须注重市场的分析研究。市场营销学认为，市场分析包括市场营销环境分析、竞争者分析、消费者市场购买行为分析和组织市场购买行为分析等。只有通过这些分析，企业才能了解市场、掌握市场、赢得市场，维系顾客，进而在激烈的市场竞争中立于不败之地。

对电力企业来说，市场分析是十分重要的基础性工作。它包括用电分析和电力需求预测两个方面。用电分析是做好电力需求预测的基础，电力需求预测则是制定电力企业经营战略和发展战略的依据。

我国电力行业可分成国家、地区、省、县四个层次，目前我国各省及省级以下的电力行业条件、外部社会经济条件有些差异，但建立电力市场要遵循一些共同原则，以使电力工业改革能协调一致。

随着我国经济体制改革的深入，产业结构将发生较大的变化，因此，用电结构也将相应地改变。第二产业的用电量比重逐年下降，第三产业与城乡居民生活用电比重逐年增加。随着经济的发展，第三产业与城乡居民生活用电还会有更大的增长。随着居民生活水平的提高，空调、采暖、电炊、电热等的用电市场会有较大的发展。电力营销的实质就是要调整电力市场的需求水平、需求时间和需求特点，以良好的服务质量，满足用户合理用电的要求，实现电力供求之间的相互协调，建立电力公司与用户之间的合作伙伴关系。这种合作伙伴关系就要求电力公司与用户共同付出代价、共同承担风险、共同获取利益。同时更强调基于用户利益上的用电服务，要求电力企业更多地采用科学的管理方法和先进的技术手段，在不强行改变正常的生产秩序和生活质量的条件下，促使用户主动改变消费行为和用电方式，提高用电效率。只有在电力企业与用户之间建立起一种融洽的合作关系，方能在开拓电力市场和提高用电效率两方面都取得更大的效益。

从世界范围的企业管理实践看，对市场营销的重视，在不同时期内、不同行业间是不一样的。这和不同时期、不同行业在国民经济中的地位，该行业在市场的竞争程度以及供需平衡状况等因素有关。在市场经济条件下，随着经济的发展，市场营销在各行各业都得到重视，市场营销在企业中的地位也越来越显得重要。

促使企业意识到市场营销重要性的主要因素是：

（1）销售额下降。有的地区工业生产不景气，高能耗企业生产能力下降，使得用电需求下降，销售额降低，促使了供电企业重视市场营销，用营销手段促进电量销售。

（2）增长较缓慢。许多公司达到了其所在行业的增长极限，因此，必须开始转向新市场。他们感受到，要想成功地识别、评价和选择新机会，就必须具备更多的市场营销知识。

目前，随着经济结构和产业结构的调整，用电结构相应地出现了很大的变化，售电量的增长速度已明显减缓，迫使电力企业必须重视营销，了解市场需求变化，努力开拓市场。

（3）竞争的加剧。每个公司都有可能遭到市场营销能力强的竞争对手的打击。因此，各个公司不得不认真学习市场营销以迎接挑战。我国电力行业的竞争意识相当淡薄，但是，随着改革的深化，电力行业正在逐步引入竞争机制，企业间的竞争已不再遥远，重视市场营销的氛围正在形成。电力企业必须重视市场营销。

电力行业具有产品单一的特点，电能产品又是国民经济各行各业和人民生活的必需品，它既是生产资料又是生活资料，在计划经济体制下，由于长期的缺电局面和"以产定销"的做法，使得市场营销在电力企业管理中始终没提升到它应有的重要位置。

从世界范围的企业管理实践看，市场营销在不同的时期内，不同的行业对它的重视程度是不一样的。在我国现阶段，电力行业对市场营销的重要性的认识，比之别的行业相对滞后。随着我国改革开放的进一步深化，党和国家对电力工业发展的重视以及集资办电的政策，调动了多家办电的积极性，电力供应短缺的状况已得到缓解。电力市场已经由长期的卖方市场开始转向买方市场，过去的"以产定销"的做法在不少地方已相应地转变为"以销定产"，研究市场、开拓市场、提高对用电户的服务质量等都已经提到重要的议事日程或工作日程。这些情况充分说明搞好市场营销对电力企业来说有其特殊的紧迫性和现实意义。

二、电力市场特点

电力销售量决定于用户的用电需求量，用电需求量又取决于人们是否有用电欲望，是否有购买能力。但是需求转变为现实的交换还要解决能否买得到、向谁买的问题。

长期以来，对电力促销缺乏足够的认识，主要是因为以下几个因素的影响：①电力短缺；②垄断经营；③电能产品的单一性；④电力工业的公用性；⑤电能产品在大部分领域的不可替代性。随着经济的发展和技术的进步，许多情况发生了变化，电力短缺的情况已基本改变，竞争已经进入电力行业，在某些发展潜力大的市场出现了越来越多的替代品。电力促销，树立电力企业良好形象已成为电力工业开拓市场的关键问题。

三、电力销售市场与电力市场营销的基本内涵

所谓电力市场营销，就是在变化的电力需求和市场环境中，为满足消费需要、实现电力企业目标而进行的商务活动过程。其作用就是解决电力生产与消费的矛盾，满足各种电力消费的需要。

电力市场营销的实质就是要调整电力市场的需求水平、需求时间和需求特点，以良好的服务质量，满足用户合理用电的要求，实现电力供求之间的相互协调，建立电力公司与用户之间的合作伙伴关系。要求电力企业更多地采用科学的管理方法和先进的技术手段，在不强行改变正常的生产秩序和生活质量的条件下，促使用户主动改变消费行为和用电方式，提高用电效率。

在电力市场营销理论中，"产品"的含义有三个层次：①核心产品；②有形产品；③附加产品。对电力行业来说，其核心产品就是电能给用户带来的基本效用，也就是电能的基本功能。电能的有形产品具体来说就是电压、频率以及频率合格率、电压合格率和用户供电可靠性。因为电能具有产供销同时完成、必须通过电网输送的特点，所以，电能产品的有形含义应该是指在用户使用地点和使用过程中的状态。营销观念注重买方的需要，它要求统计数据能真实反映买方使用该产品的状态，即关心的是顾客是否获取了原先预计的效用，需求是否得到了满足。如果有形产品的各项指标不能达到预定的要求，那么核心产品的功能也就无法实现。电能的附加产品则是指用户购买电能时所得到的附加利益，如咨询、安装、维修等服务。

在市场经济条件下，电能作为一种商品，它的价格形成与其他商品一样要受到5个因素的影响：①成本因素；②市场供求状况；③货币因素；④竞争因素；⑤政策因素。在社会主义市场经济中，价格是联系供求双方和引导消费的桥梁，其调节作用是市场机制的核心。

电力销售渠道主要是指电力市场的运作模式和销售渠道的长短。电力销售量决定于用户的用电需求量，但是需求转变为现实的交换还要解决能否买得到、向谁买的问题。电价主要是解决"买的起"的问题，电网建设解决了"买得到"的问题，销售渠道解决了"向谁买"的问题，促销的作用就是要激发人们用电的欲望，它和产品要素一起来解决"想买"的问题。

四、在电力市场营销方面开拓电力市场的措施

从宏观意义上说，积极开拓电力市场是电力企业的一项长久性课题。电力企业要谋求持续发展必须坚持不懈的积极开拓电力市场，努力增加电能产品的销售量。而电能在社会上的被进一步广泛采用又代表着社会物质文明的进一步提高。

在由卖方市场转向买方市场的情况下，电力企业积极开拓电力市场便更为重要。

1. 目标市场战略理论在开拓电力市场中的应用

现代市场营销观念要求企业以顾客为导向，做好市场营销研究工作，辨认顾客的真正需要，并针对其需要策划和设计不同的市场营销组合，从而保证顾客需要的实现，并在顾客满意的基础上达到企业营利性目标。

市场营销的方式大体上经历了三个阶段，即大量市场营销、产品差异市场营销和目标

市场营销。这是对应于卖方市场、由卖方市场向买方市场转变和买方市场的三种不同的营销方式。随着第三次技术革命的出现，社会生产迅猛发展，产品数量剧增，花色品种多样，形成了名副其实的买方市场，从而迫使许多企业清醒地认识并接受了市场营销观念，开始实行目标市场营销，即卖者首先识别众多顾客之间的需要差异，将市场细分为若干个子市场，并从中选择一个或一个以上的细分市场作为目标市场，进行市场与产品定位，制定出相适应的市场营销组合，以满足目标市场的需要。

目标市场战略主要由以下三部分内容构成：

（1）市场细分。即企业根据顾客所需要的产品和市场营销组合，将一个市场分为若干个不同的顾客群体的行为。企业运用不同方法来细分市场，勾画出市场细分和整体轮廓，并且评定各个细分子市场和吸引力。

（2）目标市场选择。即企业在细分市场的基础上，根据企业实力和目标，判断和选定要进入的一个或多个子市场的行为。

（3）市场定位，即在目标市场上为产品和具体的市场营销组合确定一个富有竞争优势的地位的行为。

电力市场按地域区分可分为城市市场、农村市场，还可进一步细分为中心城市市场、偏远城镇市场、郊区农村市场、山区农村市场等。从用电类别区分可以分为农业用电、工业用电、商业用电、居民生活照明用电等，也可以进一步细分。从电力市场细分的结果可以发现，对电力企业来说，有不少电力细分市场的开拓更多地取决于用户本身的状况，用户本身不景气，用电就少，用户本身大发展，用电就多。这类市场，电力企业可以施加的影响较小。但是，有两个市场完全可以选择为电力企业开拓电力市场的目标市场，一是农业用电市场，二是城市居民生活用电市场。这是因为：

（1）这两个市场人均用电水平都很低，农村尤甚，具有极大的用电潜力，是我国电力企业当前最大的"潜在顾客"。

（2）目前这两个目标市场的"市场营销组合"很不理想，例如，城网的瓶颈效应、农电价格过高等。一旦改善大有开拓潜力，而改善的主动权主要在电力企业。这就是说，通过市场细分，选定目标市场，之后要市场定位，环绕优化"市场营销组合"，制定相应的具体措施，诸如从改造农电管理体制入手治理农电电价过高、筹措资金加快城网改造等。

2. 市场竞争战略理论在开拓电力市场中的应用

在竞争日趋激烈的现代市场上，企业仅仅了解顾客是不够的，还必须了解竞争者。首先要识别竞争者，识别竞争者看来似乎不难，其实并不尽然。企业现实的和潜在的竞争者范围是很广的，通常可以从产业和市场两个方面来识别企业的竞争者。从产业竞争观念看，可以简单理解为同行是对手，而从市场竞争观念看，范围要广泛得多。以市场观点分析竞争者，可使企业拓宽眼界，更广泛地看清自己的现实竞争者和潜在竞争者，从而制定和实施更有针对性的、更有效的市场竞争战略。

由于电能产品单一，可以替代电能的产品极为有限。在我国，电力行业内部引入竞争机制仅在发电领域有所起步。因此，总的说不像别的行业那样竞争激烈。但是，这绝不是说没有竞争，在有的地方竞争还十分激烈。大电网与小水电、小火电、地方小电网之间是存在竞争的；大电网与自备电厂之间也是存在竞争的；在大电网内，投资多元化形成的发电企业与发电企业之间也将出现竞争，竞争的程度也会日益扩大和加剧。

在电力促销上，同样存在竞争问题，包括电气化生活与传统观念和习惯势力的竞争、电力与燃气的竞争、电网供电与自备电厂的竞争等。在我国，内地居民生活电气化水平较低，电力促销还具有很大潜力。

在市场营销方面积极开拓电力市场，应更新观念，积极培育市场竞争意识和市场营销意识，树立电是商品和电能效益的观念。从电能经济效益角度来说，要认真研究市场电价水平，从多个供电方案中寻求自身利益的最大化。生产调度部门应从调度的经济运行方式、缩短检修作业时间和故障抢修时间来增加电能的销售。要树立电能竞争观念。目前煤炭、燃气、太阳能制品等与电力之间的竞争已拉开了序幕。电力企业只有依靠价格、质量、信誉和服务赢得市场。应加强营销意识，建立一支精干的营销队伍，建立主动热情向客户营销电能的机制，促进电力消费。要树立优质服务观念。向客户提供高效率、不间断、十分方便的服务，并注重服务实效、加强与客户沟通、在职工中开展文明用语和微笑服务，以优质服务赢得市场。

五、面向市场做好业扩报装工作的方法

业扩报装是电力企业拓展电力市场的一项重要业务。

供电企业从接到用电客户用电申请，包括新增用电或在原有用电基础上的增加容量，一般需要经过负荷调查，确定供电方案，进行用电工程设计图纸审查，施工质量检查和用电工程验收，签订供用电协议书（或供用电合同），装表接电和建账立户等项工作，这些工作的全过程称为报装接电，又称业务扩充。

报装接电工作要做到：

（1）一口对外。实行一口对外，让客户只跑一个部门，做到内转外不转，这是提高服务质量的一个重要环节。

（2）要用最快的速度、最好的方案，向新增客户供电或向老客户供电。供电企业要做好业务扩充工作，不但要把"人民电业为人民"和优质服务的宗旨落到实处，同时也使电力企业自身得到经济效益，在电力市场供需关系变化，由卖方市场转向买方市场的情况下，做好此项工作显得更为重要。

面向市场应从以下几方面做好业扩报装工作：

（1）业扩报装部门要制定方案设计、工程施工、工程验收等环节的工作标准，并对不同用户的方案设计和外线工程施工提出时间要求。

（2）业扩报装部门对报装流程及进度按月进行统计，实行严格的检查、考核制度。

（3）对待报装用户进行清理。已受理申请而至今未报装接电的，要逐户分析原因，主动联系或上门服务，认真落实解决办法。对非用户原因影响接电的要提出解决办法并立即实施。

（4）抓紧清理阻碍业扩报装工作的制度和办法。凡有碍于业扩报装的要认真修改完善，不适应于电力市场开拓需要的应予改进或取消。

六、利用经济杠杆作用开拓电力市场的方法

在开拓电力市场的工作中，电力企业要充分发挥经济杠杆的调节作用，具体应从以下几方面入手：

（1）认真贯彻国家对电价管理的要求，取消不合理加价，减轻用户不合理的负担。

（2）大力推行峰谷电价和季节性电价，雨季减少水电弃水，多发水电。

（3）全面整顿农村电价，积极推行城乡用电同网同价，为开拓农电市场创造良好条件。

（4）加强对小水电、小火电的管理，在合理调度、利益兼顾的同时，通过竞价上网的办法解决小机组与大机组发电和售电的矛盾。

（5）抓紧实施峰谷电价政策。

七、开拓电力市场与优质服务的关系

电力市场的竞争集中地体现在价格的竞争、质量的竞争和服务的竞争上，在这三个竞争要素中，服务竞争是供电部门竞争的主导要素。要开拓电力市场，供电部门必须建立以用户需求为导向的全方位的用电营销服务体系。

建立以市场为导向的营销管理体制和机制，其目的是为客户提供安全、可靠、经济的电力和快捷、方便、高效的服务。电力商品由"卖方市场"转为"买方市场"，使供电企业迫切需要解决的关键问题是建立相应的用电营销机制。主要有：

（1）建立和完善现代化的营销管理措施。

（2）建立和完善全方位的营销机制。

1）通过加强政策分析，把握好本地区经济发展趋势和负荷变化特点，寻求电力市场新的增长点；

2）强化促销功能，制定促销策略，采取促销措施；

3）引导电力用户的消费；

4）签订售电合同，规范供用电双方的行为。

（3）建立和完善全方位的负荷管理机制。要建立大用户负荷预测信息网，及时分析它们的用电负荷结构，使其最大限度合理、有效、充分地利用电力。全面推广高效、低耗用电装置及技术，并提供咨询服务。做好售电后服务工作，定期进行用电咨询与安全用电的宣传工作。

小　结

本单元主要介绍了电价的基本概念、对电价的基本要求、我国现行电价分类、电价制度及我国电价改革的发展趋势等有关电价问题，说明了两部制电价的概念和执行单一制电价、两部制电价、丰枯电价、峰谷分时电价用户的电费计算方法及电费管理的工作内容和程序。另外，介绍了业务扩充的工作内容及流程、工程检查与装表接电的内容，日常营业的工作内容及具体业务工作方法，供用电合同的含义、主要内容、形式、种类以及供用电

双方应承担的义务，阐述了我国电力市场的特点和电力市场开拓的意义。

习　题

6-1　简述电价的基本概念。

6-2　什么叫单一制电价？什么叫两部制电价？

6-3　说明电费管理工作的意义。

6-4　什么叫业务扩充？业务扩充的主要工作环节有哪些？

6-5　日常营业工作的主要内容有哪些？

6-6　供电营业区是指什么？

6-7　电能质量主要从哪些方面来衡量？

6-8　什么是供用电合同？为什么要签订供用电合同？

6-9　签订供用电合同的原则是什么？

6-10　供用电合同主要包括哪些内容？

6-11　根据签订的供用电合同，供电方应承担哪些主要义务？

6-12　简述电力营销的基本内涵。

用 电 检 查

内容提要

本单元介绍了用电检查的内容和程序，同时介绍了对用户受（送）电工程的审查及竣工检验及反窃电措施。

课题一 用电检查的内容、程序

教学要求

了解用电检查工作的原则、程序、掌握用电检查的内容、范围和基本方法。

一、用电检查工作的方针、原则

用电检查工作必须以事实为依据，以国家有关电力供应与使用的法规、方针、政策，以及国家和电力行业的标准为准则，对用户的电力使用进行检查。

二、用电检查的内容和范围

供电企业应按照规定对本供电营业区内的用户进行用电检查，用户应当接受检查并为供电企业的用电检查提供方便。用电检查的内容是：

1）用户执行国家有关电力供应与使用的法规、方针、政策、标准、规章制度情况；

2）用户受（送）电装置工程施工质量检验；

3）用户受（送）电装置中电气设备运行安全状况；

4）用户保安电源和非电性质的保安措施；

5）用户反事故措施；

6）用户进网作业电工的资格、进网作业安全状况及作业安全保障措施；

7）用户执行计划用电、节约用电情况；

8）用电计量装置、电力负荷控制装置、继电保护和自动装置、调度通信等的安全运行状况；

9）供用电合同及有关协议履行的情况；

10）受电端电能质量状况；

11）违章用电和窃电行为；

12）并网电源、自备电源并网安全状况。

用电检查的主要范围是用户受电装置，但被检查的用户有下列情况之一者，检查的范围可延伸至相应目标所在处：

1）有多类电价的；

2）有自备电源设备（包括自备发电厂）的；

3）有二次变压配电的；

4）有违章现象需延伸检查的；

5）有影响电能质量用电设备的；

6）发生电力系统事故需作调查的；

7）用户要求帮助检查的；

8）法律规定的其他用电检查。

三、用电检查的程序及其纪律

用电检查人员实施现场检查时，人数不得少于两人。执行用电检查任务前，用电检查人员应按规定填写《用电检查工作单》，经审核批准后方能执行查电任务。查电工作终结后，用电检查人员应将《用电检查工作单》交回存档。

《用电检查工作单》的内容应包括：用户单位名称、用电检查人员姓名、检查项目及内容、检查日期、检查结果，以及用户代表签字等栏目。

用电检查人员在执行查电任务时，应向被检查的用户出示《用电检查证》，用户不得拒绝检查，并应派人员随同配合检查。经现场检查确认用户的设备状况、电工作业行为、运行管理等方面有不符合安全规定的，或者在电力使用上有明显违反国家有关规定的，用电检查人员应开具《用电检查结果通知书》或《违章用电、窃电通知书》一式两份，一份交给用户并由用户代表签收，一份存档备查。

现场检查确认有危害供用电安全或扰乱供用电秩序行为的，用电检查人员应按下列规定，在现场予以制止。拒绝接受供电企业按规定处理的，可按国家规定的程序停止供电，并请求电力管理部门依法处理，或向司法机关起诉，依法追究其法律责任。规定如下：

（1）擅自改变用电类别的，应责成用户改正其用电类别，并按规定追收其差额电费和加收电费。

（2）擅自超过注册或合同约定的容量用电的，应责成用户拆除或封存私增电力设备，停止侵害，并按规定追收基本电费和加收电费。

（3）擅自使用已在供电企业办理暂停使用手续的电力设备或启用已被供电企业封存的电力设备的，应再次封存该电力设备，制止其使用，并按规定追收基本电费和加收电费。

（4）擅自迁移、移动或操作供电企业用电计量装置、电力负荷控制装置、供电设施以及合同（协议）约定由供电企业调度范围的用户受电设备的，应责成其改正，并按规定加收电费。

（5）未经供电企业许可，擅自引入（或供出）电源或者将自备电源擅自并网的，应责成用户立即拆除接线，停止侵害，并按规定加收电费。

四、用电检查人员的主要工作内容

（1）督促用电单位贯彻执行《电力法》及配套的条例、办法，上级的指示和电气设备安装、运行、安全、技术等项规程制度，并检查执行情况。

（2）协助编制地区电力分配方案，检查用电单位计划用电各项指标的执行情况。

（3）经常掌握与分析地区用电构成，了解用电单位负荷变化情况。

（4）督促用电单位制定电力消耗定额。

（5）经常掌握用电单位的功率因数及无功补偿设备运行情况。

（6）组织用电单位进行安全大检查。

（7）协助有关主管部门及用电单位加强对电工的管理。

（8）参加用电单位重大事故调查。

（9）审查用电单位新装、改装、扩建的电气设备的设计文件资料，提出审查意见，对批准的新投入运行的电气设备进行接电前的验收检查，合格后，用电检查人员负责报请投入运行。

（10）对申请并入电网运行的自备电厂和小水电站进行技术、安全上的审查。

（11）检查用电单位的电能计量装置运行是否正常，计量装置与互感器配合是否一致。

（12）检查用户是否正确执行国家电价。

（13）检查用户违章和窃电事项。

（14）收集和积累有关用电资料，普及用电常识，总结和推广节约用电、安全用电的先进经验，协助用电单位及主管部门组织同行业竞赛。

五、用电检查纪律

（1）用电检查人员应认真履行用电检查职责，在对用户执行用电检查任务时，应随身携带《用电检查证》，并按《用电检查工作单》规定的项目和内容进行检查。

（2）用电检查人员在执行用电检查任务时，应遵守用户的保密规定，不得在检查现场替代用户进行电工作业。

（3）用电检查人员必须遵纪守法，依法检查，廉洁奉公，不徇私舞弊，不以权谋私。对违反《用电检查管理办法》规定者，依据有关规定给予经济或行政处分；构成犯罪的，依法追究其刑事责任。

六、用电检查人员的工作职责及应具备的资格、条件

（一）用电检查工作职责

用电检查实行按省电网统一组织实施，分级管理的原则，并接受电力管理部门的监督管理。

跨省电网、省级电网和独立电网的电网经营企业，其用电管理部门应配备专职人员，负责网内用电检查工作。其职责是：

1）负责受理网内供电企业用电检查人员的资格申请、业务培训、资格考核和发证工作；

2）依据国家有关规定，制订并颁发网内用电检查管理的规章制度；

3）督促检查供电企业依法开展用电检查工作；

4）负责网内用电检查的日常管理和协调工作。

供电企业由用电管理部门负责配备合格的用电检查人员开展用电检查工作。其职责是：

（1）宣传贯彻国家有关电力供应与使用的法律、法规、方针、政策以及国家和电力行业标准、管理制度。

（2）负责并组织实施下列工作。

1）负责用户受（送）电装置工程电气图纸和有关资料的审查；

2）负责用户进网作业电工培训，考核并统一报送电力管理部门审核、发证等事宜；

3）负责对承装、承修、承试电力工程的资质考核，并统一报送电力管理部门审核、发证；

4）负责节约用电措施的推广应用；

5）负责安全用电知识宣传和普及教育工作；

6）参与对用户重大电气事故的调查；

7）组织并网电源的并网安全检查和并网许可工作。

（3）根据实际需要对用户的用电状况进行监督检查。

（二）用电检查人员应具备的资格和条件

对用电检查人员的资格实行考核认定。用电检查资格分为：一级用电检查资格、二级用电检查资格、三级用电检查资格三类。

申请一级用电检查资格者，应已取得电气专业高级工程师、工程师或高级技师资格；或者具有电气专业大专以上文化程度，并在用电岗位上连续工作 5 年以上；或者取得二级用电检查资格后，在用电检查岗位工作 5 年以上。

申请二级用电检查资格者，应已取得电气专业工程师、助理工程师、技师资格；或者具有电气专业中专以上文化程度，并在用电岗位连续工作 3 年以上；或者取得三级用电检查资格后，在用电检查岗位工作 3 年以上。

申请三级用电检查资格者，应已取得电气专业助理工程师、技术员资格；或者具有电气专业中专以上文化程度，并在用电岗位连续工作 1 年以上，或在用电检查岗位连续工作 5 年以上者。

用电检查资格由跨省电网经营企业或省级电网经营企业组织统一考试，合格后发给相应的《用电检查资格证书》。

《用电检查资格证书》由国务院电力管理部门统一监制。

聘任为用电检查职务的人员，应具备下列条件：

（1）作风正派，办事公道，廉洁奉公。

（2）已取得相应的用电检查资格。聘为一级用电检查员者，应具有一级用电检查资格；聘为二级用电检查员者，应具有二级及以上用电检查资格；聘为三级用电检查员者，应具有三级及以上用电检查资格。

（3）经过法律知识培训，熟悉与供用电业务有关的法律、法规、方针、政策、技术标准以及供用电管理规章制度。

三级用电检查员仅能担任 0.4kV 及以下电压受电用户的用电检查工作。二级用电检查员能担任 10kV 及以下电压供电用户的用电检查工作。一级用电检查员能担任 220kV 及以下电压供电用户的用电检查工作。

课题二　用户受（送）电工程设计审查及竣工检验

教学要求

了解工程设计的送审以及工程竣工的检查与验收。

一、工程设计图纸的送审

用户新装、增装或改装受电工程的设计安装、试验与运行应符合国家有关标准及电力行业标准。

用户受电工程设计文件和有关资料应送交供电企业审核。

高压供电的用户应提供的主要资料：

1) 受电工程设计及说明书；

2) 用电负荷分布图；

3) 负荷组成、性质及保安负荷；

4) 影响电能质量的用电设备清单；

5) 主要电气设备一览表；

6) 主要生产设备、生产工艺耗电以及允许中断供电的时间；

7) 高压受电装置一、二次接线图与平面布置图；

8) 用电功率因数计算及无功补偿方式；

9) 继电保护、过电压保护及用电计量装置的方式；

10) 隐蔽工程设计资料；

11) 配电网络布置图；

12) 自备电源及接线方式；

13) 供电企业认为必须提供的其他资料。

低压供电的用户应提供负荷组成和用电设备清单。

供电企业对用户送审的受电工程设计文件和有关资料，应根据电力法的有关规定进行审核。供电企业对用户的受电工程设计文件和有关资料的审核意见，应以书面形式连同审核过的受电工程设计文件和有关资料一并退还用户，以便用户据以施工。用户若更改审核后的设计文件，应将变更后的设计再送供电企业复核。

用户受电工程的设计文件未经供电企业审核同意，不得据以施工。否则，供电企业将不予检验和接电。

二、工程中间检查和竣工检查验收

受电工程验收一般分为三个阶段。

（1）土建施工完毕后进行验收。对电缆、接地装置、预埋件、暗敷管线等隐蔽工程应配合土建施工事先检查验收。

（2）中间检查。从电气设备安装约 2/3 时开始直到验收合格。在此期间应通知装表、负荷控制、试验、继电保护等专业进行相应的准备及调试等工作，并通知进网电工培训，检查用户安全工具、消防器材、必要的规程、管理制度的建立情况，以及各种必要记录表格的配备情况。中间检查的主要内容有：

1）电气设备的安装施工是否符合设计要求；

2）检查竣工后无法直接观察和返工量大的工程及隐蔽工程（电缆沟的施工、电缆头的制作，接地装置的埋设等）的施工情况；

3）施工工艺是否符合要求；

4）必须提前完成的检查校验工作，如变压器的吊心检查，断路器的解体检查，电气设备安装前的特性校验等。

（3）送电前的检查。

受电工程验收应按设计图、设计规程、运行规程、验收规范和各种安全措施、反事故措施的要求进行。

用户变配电工程竣工时向供电部门报送的竣工报告应包括工程竣工说明、电气设备及保护的试验、整定报告、隐蔽工程的施工记录、值班人员情况等内容。

接电前检查是指用户变配电工程安装竣工后，当地电业部门派人员进行的竣工检查。其中主要检查项目有：

1）变配电工程施工是否符合经会审后的图样要求；

2）施工工艺是否合格，安装是否合格；

3）一次设备接线和设备安装容量与批准方案是否相符，使用备用电源时是否能保证不超过备用容量；

4）无功电力补偿装置是否充足，功率因数是否能达到规定标准，在使用备用电源时，无功电力补偿装置是否能投入运行；

5）高压设备出厂技术说明书和检验合格证是否齐全，是否调试合格；

6）高压试验及继电保护试验记录是否齐全，是否调试合格；

7）防止误操作、误动作的联锁装置应齐全可靠；

8）按定员配备了合格电工；

9）备有合格的安全工具和仪器仪表；

10）电气设备的运行、维护、检修、操作规章制度应齐全；

11）消防器材齐备；

12）变配电室备有通信设备，双电源用户及重要用户应设有专门电话。

课题三　反窃电措施

教学要求

了解防治窃电的技术措施和组织措施。

一、防治窃电技术措施

1. 计量箱

（1）计量屏。在用户专用变配电室内安装一块专用计量屏，所有计量装置装在屏上，一般装在屏上方，可封闭，留有玻璃窗口以便抄表观察。

（2）计量箱，对于高压计量装置为计量柜。对于低压计量装置分为大、中、小三种。计量箱具有抄表、维护、监视、测试计量装置安全、方便的优点，在生产实践中被广泛使用。

（3）计量箱如何封闭好，是使用计量箱成败的关键。常用方法有：

1）封铅封，优点是可靠性高，法律效力强，表盖封印和管电人员使用的封印是经司法部门备案的，私自更动铅封即为违法行为。

2）用锁。

3）封条，用纸张自制，分正副联，上面盖有公章、编号、年、月、日，管电人员签字，用胶水将计量箱门封住，副联上写有使用地点、编号，用作存根保存。封条的优点是可靠性强，易辨真伪。缺点是法律效力较差。

4）锁、铅封、封条配合使用，该方法具有严密的科学性，较强的法律效力，又成本低廉，在生产实践中被广泛采用。

5）用一次性使用的小型钢丝弹簧锁，该锁头上打有字迹和数字编号，且一经使用，必须将其破坏才能打开。该锁缺点是成本较高，适用于大用户计量柜的封闭。

2. 封配电变压器低压瓷嘴

在封瓷嘴前应仔细检查低压出线的压接情况，低压出线应用专用线夹，线夹在瓷嘴上压接，应用双螺母或弹簧垫片。

3. 封瓷嘴至计量箱的导线

该方法适用于高供低计配电变压器。

4. 其他技术措施

（1）禁止非法计量。不得应用未经计量鉴定单位校验合格的互感器和电能表作为电能计量装置中的部分。

（2）禁止二元件电能表应用于三相不平衡负荷的计量装置中。

（3）定期轮换电能表，逐步淘汰老型号电能表。

（4）保护表尾零线。

（5）装表采用标准接线。

（6）公用变压器用户一律安装计量箱。

（7）保持三相负荷平衡。

（8）对用电量与实际负荷不一致的用户采用多次抄表法检查。

二、防治窃电组织措施

《电力法》中明确规定："盗窃电能的，由电力管理部门责令停止违法行为，追缴电费并处以应交电费5倍以下的罚款；构成犯罪的，依照刑法相关条款规定追究其刑事责任。"

《刑法》中规定：以暴力、胁迫或者其他方法抢劫公私财物的，处 3 年以上 10 年以下有期徒刑，并处罚金。

供电企业对查获的窃电者，除立即制止其窃电行为外，并可当场中止供电。窃电者应按窃电量补交电费，并承担补交电费 3 倍的违约使用电费。拒绝承担窃电责任的，供电企业应报请电力管理部门依法处理。窃电数量较大或情节严重的，供电企业应提请司法机关依法追究其刑事责任。因窃电造成供电企业的供电设施损坏的，责任者必须承担供电设施的修复费用或进行赔偿。因窃电导致他人财产、人身安全受到侵害的，受害人有权要求违约用电或窃电者停止侵害，赔偿损失，供电企业应予以协助。

电业部门应加强反窃电的管理工作，应做好：

1. 线损管理

建立健全线损管理制度，根据线路的导线型号、地理分布及月用电量，按有关方法计算出各条线路的理论线损，外加表计误差即为考核指标，每月按完成情况进行奖惩。

2. 营业普查

从线损管理中有时不能完全发现窃电问题，如抄表中的估抄，因此应进行营业普查，通过抄表监督、表卡审核、用电检查对各项反窃电工作的技术措施的实施一一进行检查，并及时处理查出的问题，推动反窃电工作深入扎实地进行。

3. 技术培训

定期举办各种形式的反窃电技术培训，交流反窃电技术，提高用电管理人员的基础素质。

4. 组织管理

严格执行抄表监督制度，组织力量测算各用户的用户参数，每月抄表后进行表卡审核，从中发现窃电线索，进行检查。要认真执行电能表的各级管理制度，对查获的窃电、漏电公开处理。逐步完善反窃电技术措施。

小 结

本单元介绍了用电检查工作的原则、程序、用电检查的内容、范围和基本方法以及用户受（送）电工程设计审查及竣工检验工作情况和反窃电措施。

习 题

7-1　对用电检查人员有何要求？

7-2　用电检查人员的主要职责有哪些？

7-3　何谓对用户电气安装工程的中间检查？何谓对用户电气安装工程的竣工检查？

典型行业的用电特点及节电措施

内容提要

本单元主要介绍了典型行业的基本生产流程以及用电特点和主要的节电措施。

课题一　电弧炉炼钢的节电技术

教学要求

掌握电弧炉炼钢的基本生产流程、用电特点及其主要的节电措施。

一、电弧炉炼钢的基本生产流程

钢是用生铁或废钢为主要原料，根据不同的性能要求，配加一定量的合金元素炼制而成的。炼钢的方法很多，常用的有平炉炼钢、转炉炼钢和电弧炉炼钢三种。这里仅介绍电弧炉炼钢。

电弧炉炼钢是指通过石墨电极向电弧炼钢炉内输入电能，以电极端部与炉料之间发生的电弧热能为热源进行炼钢。电弧炉炼钢的生产需要经过熔化期、氧化期、还原期等过程，各过程的主要任务是：

1. 熔化期

接通电源，产生电弧，电能转化为热能，炉料开始熔化，电弧炉炼钢进入熔化期。熔化期占全炉炼钢时间的1/2，占生产电耗的60%～70%。熔化期的主要任务是：用最低的消耗、最短的时间熔化炉料，除去钢中的部分磷（一般熔化期除磷40%～50%），防止钢液吸收气体及减少金属的挥发和烧损。

为加快熔化炉料，可采用大容量电弧炉变压器，提高使用的二次电压及合理使用电抗器。同时，在熔化期应尽量利用炉包围电弧的时间，给以大功率供电，因为这时散热面小，四周炉料容易熔化，辐射热损失小，不会损伤炉壁和炉盖。

2. 氧化期

当炉料全熔后，便进入氧化期。氧化期的主要任务是：继续并最大限度地降低钢中磷的含量；去除钢水中的气体和非金属夹杂物；控制氧化终了时钢中的含碳量；加热和均匀钢液温度，使之高于出钢温度，以利于还原精炼。

实践证明，氧化期吹氧脱碳与加矿石脱碳相比，可以缩短冶炼时间，降低电耗，降低生产成本。

3. 还原期

在完成氧化期的操作之后，即进入还原期。还原期的主要任务是：使钢水和炉渣脱氧；使钢中的化学成分达到要求；使钢中的含硫量降低到要求的限度；将钢水温度提高到浇铸所需要的温度以上。

还原期一般要占整个冶炼时间的 1/4 ~ 1/3。因此，缩短还原期时间，也是电弧炉炼钢节电的一个关键。要缩短还原期冶炼时间，其关键是加快脱氧速度。

二、电弧炉炼钢的用电特点

（1）电弧炉炼钢用电负荷相当大。电弧炉炼钢的主要设备有电弧炉、电炉变压器、电抗器、电极和电极升降自动调节系统、电弧炉传动系统等。电弧炉变压器是向电弧炉输出能量的主要设备。一台电弧炉变压器的容量可达数千到数万千伏安。例如：一座容量为 10t 的电弧炉，其变压器额定容量为 5700kVA，变压器二次最大电流为 11200A；一座容量为 20t 电弧炉，其变压器额定容量为 9000kVA，变压器二次最大电流达 17340A。在国外，电弧炉容量向大容量、高功率、超高功率方面发展。我国最大电弧炉是 75t，变压器容量为 25000kVA。

（2）电弧炉炼钢的用电负荷波动大而频繁。在冶炼过程中，电能是以电弧放电的形式转化为热能的，这种能量的大小决定于电弧电流的大小和电弧电压的高低。在熔化期，由于炉料的熔化、崩塌，常常造成短路，致使电流波动很大，电弧也不稳定。为了限制短路电流带来的不利因素，要采用电抗器来限制短路电流，稳定电弧。此外，冶炼过程中，所需温度的高低，是由向炉内输送电功率的大小来决定的，也就是说，冶炼过程中，炉内温度不同，所需向炉内输送的电功率也不同。因此要正确掌握冶炼过程中的规律，选择最经济的供电方式，严格按供电曲线进行操作。

（3）在冶炼过程中，各冶炼阶段通电时间、平均功率、耗电量各不相同。以某单位一座容量为 25t、以变压器为 9000kVA 的电弧炉为例，各冶炼阶段的耗电如表 8-1 所示。

表 8-1　　　　　　　　　　　25t 电弧炉炼钢各冶炼过程的电耗量等指标比较

冶炼时间	通电时间 （h）	平均功率 （kW）	耗电量 （kWh）	单位电耗 （kWh/t）	电耗百分比 （%）
熔化期	1.183	8350	9900	395	64.5
氧化期	0.60	5850	2310	92.5	15.1
还原期	0.65 ~ 0.66	1890 ~ 2900	3130	125	20.4
合　计			15340	612.5	100

平均每冶炼 1t 钢实际消耗的电量，称之为单位电耗（简称单耗），用 kWh/t 表示。表 8-1 所列的单位电耗为 612.5kWh/t，单位电耗在 450kWh/t 左右是比较先进的。1990 年全国重点企业电弧炉炼钢的平均单耗为 595kWh/t。而冶炼 1t 普通碳钢的理论单耗为 370kWh/t。为此，在冶炼钢的生产过程中应加强管理，树立节电意识，改进工艺，尽量降低单位电耗，降低生产成本，提高经济效益。

三、电弧炉炼钢的主要节电措施

电弧炉炼钢的用电单耗，在一定程度上反映了企业电弧炉炼钢的工艺和管理水平，它与炉料质量、布料情况、熔炼钢种和熔炼工艺等都有着十分密切的关系。近年来，全国各地都特别加强了电弧炉炼钢的节约用电工作，使电弧炉炼钢单耗逐年下降。各地采取的主要节电措施，大致有如下几点：

（1）改进炼钢工艺、采用高功率炼钢法。为了缩短冶炼时间，许多企业打破了老式电弧炉的"三期"炼钢法，实行吹氧助熔、以氧代矿、熔氧合一、沉淀脱氧、同炉渣洗等新的炼钢工艺，使熔炼时间大大缩短，有效地降低了电弧炉炼钢的用电单耗。有的企业则采用提高单位装入量输入功率的办法来降低损耗。即采用高功率熔炼的办法来加大熔化功率，缩短熔化时间，降低熔化期电能消耗。

（2）加强炉料管理，采取饱和炉次、超装炉料、正确合理配装炉料等方法，减少各项热损失。电弧炉炼钢所用的原材料，大多为废钢铁、返回钢、生铁、精钢材、合金材料等以及脱氧剂、氧化剂、增碳剂、造渣材料，尤其是废钢铁，有大小、轻薄、高碳、低碳之分、合金与碳钢混杂在一起，使用、保管时应尽量分类存放，不得混入泥砂杂物。炉料尺寸在条件允许的情况下，亦应按大、中、小分别堆放，装料时则宜合理搭配使用，以减少炉内"搭棚"现象，加快炉料的熔化。装料时，应按照"上疏下密、中间高四周低、炉口无大料"的原则，以达到"穿快"，保证炉料顺利熔塌和熔化。底层装生铁，中间装厚钢料，四周装轻薄料，上层装钢、铁屑等，以保证炉温均匀，加速熔化。为了相对减少每吨钢的冶炼时间和渣量，减少炉体和水冷系统的蓄热、散热损失，每炉装料时应尽可能超装，通常小容量电弧炉，超装量可超过规定容量的 40% ~ 50%。

（3）根据冶炼工艺的不同要求，合理配电。在精炼过程中，应掌握高温氧化、中温还原、低温浇铸的原则，以实现优质低耗。在熔化期，通电起弧的 10min 内，宜用二级电压供电，以稳定电弧和减少弧光损坏炉盖，待电弧稳定后再用最大功率送电，以加速熔化。熔化后期，为保护炉墙、炉盖不受损伤，可适当减少输入功率，直至氧化期的中后阶段。由于氧化放热反应剧烈，放出大量化学反应热，钢液升温快，此时，可用小功率供电（中级电压与电流）。在还原期加入稀薄渣料后则应采用中级电压和大电流，加入碳粉后，再输入中等功率，待渣形成后，又输入小功率。采用上述供配电办法，可对降低电耗起到良好作用。

（4）进行节电技术改造，降低用电设备损耗。改用性能良好的自动电极控制装置，使电极能快速准确地跟踪电弧状态的瞬时变化，及时调节电极位置，以保持最佳的电弧功率。改造供电系统，缩短短网和变压器二次侧线路，减小导体各部分连接的接触电阻，以减小短网损失。此外，还可以在各连接接头处采用 DG1 型导电膏涂敷，以减小接头处功率损失。

（5）采用磁镜直流电弧炉代替交流电弧炉。电弧炉采用直流供电，具有电弧稳定、短网压降小、磁路涡流损耗小、电弧的热交换效率高，对电网无频繁的工作短路电流冲击等优点。它与常规的三相交流电弧炼钢相比，可使冶炼熔化期缩短 60%，电耗减少 22%，且使脱磷脱硫速度加快。

课题二 电解铝的节电技术

教学要求

理解电解铝的生产过程、用电特点、掌握电解铝的主要节电措施。

一、电解铝的基本生产流程

电解铝生产的原料为氧化铝。电解铝生产在电解槽中进行，以冰晶石、氧化铝熔体为电解质，以碳素材料为两极进行电解。电解时，阳极上为二氧化碳和一氧化碳的混合气体，阴极上析出液态金属铝，经过净化处理后铸成铝锭。图 8-1 示出电解铝生产的基本工艺流程。

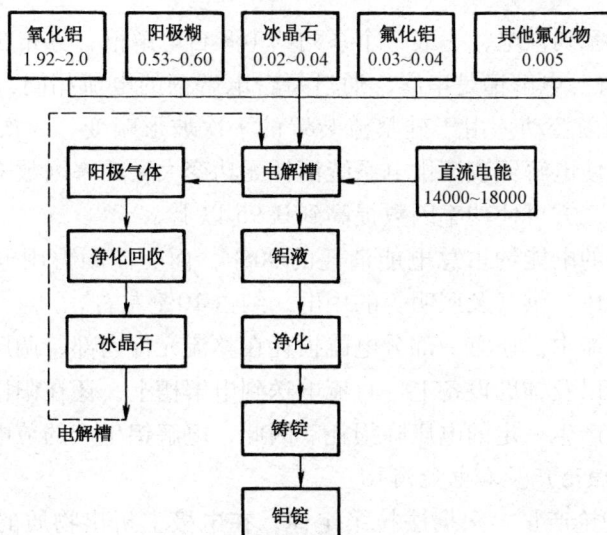

图 8-1 电解铝生产的基本工艺流程

电解过程中，在高温熔融状态下，电解质各成分都是以离子状态存在。在冰晶石、氧化铝熔体中主要有包括 Al^{3+} 在内的三种阳离子。所有阳离子在外加电场作用下，都向阴极移动。根据它们的电位顺序排列，铝离子 Al^{3+} 在阴极上先放电，形成金属铝析出。同时，在冰晶石、氧化铝熔体中亦有包括 O^{2-} 在内的数种阴离子，这些阴离子在外加电场的作用下向阳极移动。在这些阴离子中，先放电的是氧离子 O^{2-}，氧离子 O^{2-} 与阳极〔碳（C）〕作用形成二氧化碳 CO_2 和一氧化碳 CO 的混合气体。碳素阳极被逐渐消耗，故需不断向自熔式阳极电解槽中增添块状阳极糊。

二、电解铝的用电特点

（一）电解铝生产的用电规律

电解铝生产为连续生产（不能间断供电），用电负荷稳定，要求电源可靠性高，必须有两个以上的独立外部电源，而且每一路电源都应能负担电解铝生产的全部负荷，以保证在任何情况下，都能维持正常生产。电解铝生产消耗电能很大，用电负荷较高，一般交流供电的电源线路，大都采用220kV或110kV电压等级，经总降压变电所电压降至10kV，再经调压变压器、整流变压器和硅整流装置后把交流电变为直流电，然后送到各电解厂房供电解生产。每一组整流装置前均装设调压器以便调节电压、保持恒流。

在大型铝厂，供电系统中的总降压变压器、调压变压器、整流变压器都是单独设置，这样是不够经济的。因为它们增加了电能的转换环节，必然会增加电能损耗。近年来，出现了大型直降机组（总降压变压器、调压变压器、整流变压器合为一台变压器），减少了电能损耗，取得良好的经济效果。

目前，大都采用硅整流和晶闸管整流机组代替已淘汰的水银整流器以获取直流电源，其整流效率可提高3%~5%，一般能达到96%~97.8%。硅整流器价格便宜，设备所需金属少，附属设备少，占用建筑面积小，维护简单、无噪声、无有害气体、功率因数可达0.9以上。

直流供电线路按系列供电，一般一个系列约168台电解槽，分布在两个厂房内，每个厂房84台，双排布置。电解槽是串联，通过每台电解槽的电流相同，每台电解槽上的电压在4.6~4.8V范围内变动。由于硅整流装置的一次波形畸变、一次基波电流与一次电压会产生相位移等，使电解铝直流供电系统消耗无功变大，功率因数降低，一般需要安装大量电容器进行补偿，方可使功率因数提高到0.95以上。

电解铝生产消耗的电能约占总电能消耗的90%，而交流动力用电，如厂房通风、排烟、运输、供水、压风、供气及照明等的用电，约占10%左右。

在生产消耗的电能中，还有一部分电能损耗在整流元件内部、调压变压器、整流变压器、电抗器、均流器以及辅助设备上。直流电送到电解槽上，还在阳极、阴极电解质、直流母线、各部接点上产生一定的电压降损耗。因此，电解铝生产的节电潜力是很大的。

（二）电解铝的理论产量和电能消耗

（1）电解铝的理论产量。根据法拉第定律，在电极上析出物质的数量与通过电解质的电量成正比，亦即与通过的电流强度和通电的时间成正比。向电解质中通入一定的电量时，所析出物质的数量与其化学当量成正比。

法拉第定律可用下式表示

$$M = KIT \times 10^{-3}$$

式中　M——电解析出物质的质量，kg；

　　　K——电化当量，即1Ah电量所电解析出物质的质量，铝的电化当量，$K = 0.3356$g/Ah；

　　　I——通入电解槽的电流，A；

　　　T——通电时间，h。

因此，铝的理论产量可按下式计算：

　　铝的理论产量 = 0.3356（g/Ah）×电流（A）×时间（h）×10^{-3}

（2）电流效率。电解生产过程中，电解质常会有一些其他离子，这些离子放电时会消耗一部分电量。另外，在电解过程中，还可能发生某些副反应及电路漏电等消耗电量。因此，用于生产的电流只是全部电流中的一部分，所得到的产量，总是低于理论产量，实际产量与理论产量之比的百分数，称为电流效率，即

$$电流效率 = \frac{实际产量}{理论产量} \times 100\%$$

电流效率指标是电解生产的一项重要的技术经济指标，提高电流效率，就可以提高产量。

（3）电能效率和直流电耗。为了说明电解铝生产对电能的利用程度，采用了电能效率这一指标，即电解取得一定量的铝，在理论上消耗的电能与实际消耗的电能之比。在实际工作中，常以每千瓦小时电量生产的铝量（g）来表示，目前铝电解生产中电能效率在 $45 \sim 66 \text{g/kWh}$ 之间。电能效率在计划统计中使用很不方便，故在考核主要经济指标时，均用直流电耗指标。直流电耗是指平均生产 1t 铝，实际消耗的直流电量（kWh），即

$$
\begin{aligned}
直流电耗(\text{kWh}) &= \frac{电能消耗(\text{kWh})}{铝产量(\text{t})} \\
&= \frac{电流(\text{A}) \times 平均电压(\text{V}) \times 时间(\text{h}) \times 10^{-3}}{铝的电化当量[\text{g/(Ah)}] \times 电流(\text{A}) \times 时间(\text{h}) \times 电流效率(\%) \times 10^{-6}} \\
&= \frac{平均电压(\text{V})}{0.3356 \times 电流效率(\%)} \times 10^3
\end{aligned}
$$

三、电解铝的主要节电措施

电解铝直流电耗与平均电压成正比，与电流效率成反比。因此，电解铝的主要节电措施是通过降低平均电压和提高电流效率来实现的。现简述如下。

（一）降低电解槽的平均电压

降低电解槽平均电压的主要途径为：

（1）降低阳极电压降。应该采用质量较好的阳极糊。电流在阳极内分布越均匀，电耗越低，电流从阳极棒进入阳极体内，然后到阳极底掌，阳极棒尖到阳极底掌的距离越近，则电流通过阳极体内的路程越短，电压降也越小。但是，也不能过低，否则容易漏糊和烧损阳极棒尖。

（2）降低阴极电压降。可在铝液、碳块、阴极棒等几部分采取增加槽底保温层、提高碳块温度等措施，在制作碳块时，要掌握适当的糊料配比，可添加 30% 人造石墨。生产操作中要注意保持适当的温度，使电流分布均匀，建立规整的炉膛，保持适当的分子比，添加表面活性物质等。

（3）降低电解质的电压降。电解质的电压降约占电解槽工作电压的 $\frac{1}{3}$ 左右，它决定于极间距离、电解质电阻。极距降低，槽电压也随之下降。如槽电压降 0.1V，每吨铝节电超过 370kWh。但降低极距是有限度的，极距过低会使效率下降，反而增加了电耗。

提高电解质导电率，也能降低工作电压，理论上电解质的电阻系数为 $0.37\Omega \cdot \text{cm}^2/\text{m}$。而实际值偏大。改善电解质的导电率，应选择适当的分子比。如果电解质的分子比由 2.5 提高到 2.7 时，电解质的电阻系数降低 $0.024\Omega \cdot \text{cm}^2/\text{m}$，可降低槽工作电压 0.087V，

每吨铝节电超过320kWh。

（4）降低各接点和铝母线的电压降。电解槽上与母线连接的导电部分，必须保持压接紧密和清洁干净，接触点不允许松动并适当加大母线截面，使电流密度降低，减少电压降损耗。另外，降低阴极母线沟温度，对降低阴极母线电压降是很重要的。因此，需保持母线沟的清洁，防止氧化铝和电解质等物掉入母线沟内，还要保持母线沟内良好的自然通风。

（二）提高电流效率

提高电流效率，是增加生产并降低电能消耗的有效办法。在生产中应尽量减少铝的损耗，加强电解过程中的监视和管理，适当增大阴极电流密度，有助于提高电流效率。但阴极电流密度的增大是有限度的，过分增大会影响钠离子放电，反而对生产不利。

规整的槽膛，对提高电流效率具有明显的效果。减少电解槽的热损耗，也能提高电流效率。对自焙阳极电解槽，需改进阳极配置方法，缩短层距，增加棒的长度，槽内应砌筑成斜坡，采用硅酸铝耐火纤维保温材料等，以减少侧部及槽底热损耗。

近年来，在电解铝生产中提倡添加锂盐，向电解质中添加2%～5%的锂盐，不仅可以提高电解质的导电率，还可降低电解温度15～20℃，提高电流效率，降低电耗1%～3%；同时，可减少氟化物排放量20%～40%，使铝产量增加1%。锂盐添加剂应该采取勤加入和少下料的添加方式，因为锂盐的块状和添加方式直接影响到经济效果，对于预焙阳极电解槽，最好是将锂盐与氧化铝混合加入。另外，采用高分子比（2.8～2.9）的电解质，因氧化铝在这种电解质中溶解度较大，可抵消锂盐对氧化铝溶解度的不利影响。

课题三　煤炭工业的节电技术

教学要求

理解煤炭工业的生产流程及用电特点，了解煤炭工业的节电技术。

一、煤炭工业的基本生产流程

煤炭生产的特点是地下作业，采掘并重，掘进先行。开拓掘进是为采煤创造必要条件。在采煤方法上分旱采和水采两种。旱采又可分为机采和炮采，水采是用高压水枪进行开采。为保证人身及矿井的安全，不论是采煤还是开拓掘进都必须有排水、通风系统。

开拓掘进的基本生产流程如图8-2所示。采煤的基本流程如图8-3所示。

整个煤炭生产是由排水、通风、压风、提升和运输五大系统组成，现简述如下：

1. 排水系统

矿井排水是采煤顺利进行的重要条件。矿井水主要是矿井自然涌水及地面回水两部分，而矿井涌水量取决于自然因素和人的因素，自然因素就是受自然降水量和地面水流的影响，通过土层和岩层的裂隙渗入到矿井下面。人的因素就是指治水方法是否得当，如受淹没巷道、未封闭勘探钻孔、不正确的开采等，都会使井下涌水增加。另外，矿井充填用

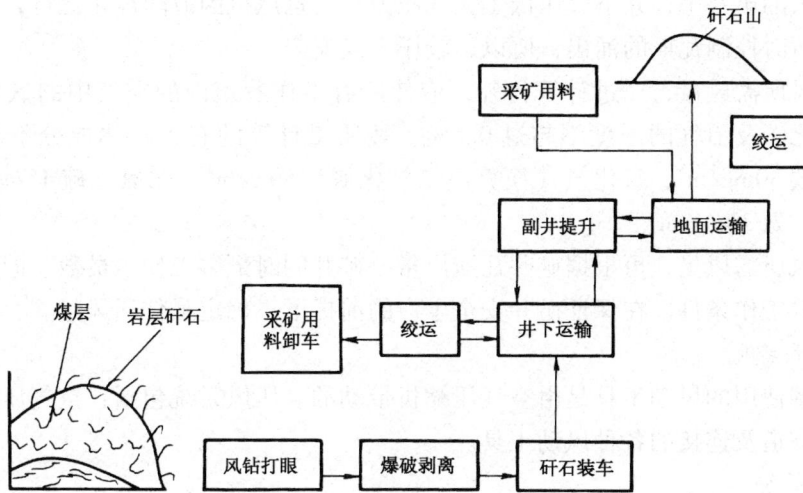

图 8-2　开拓掘进生产流程

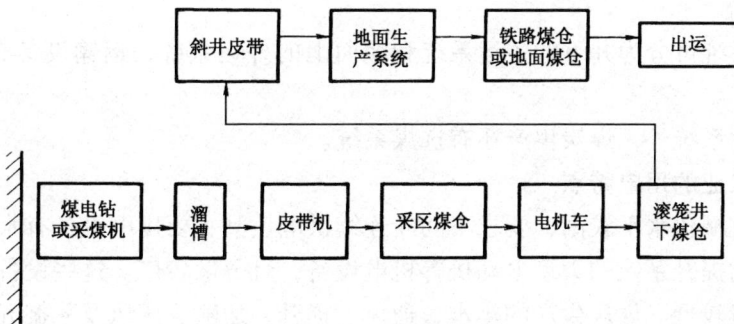

图 8-3　采煤生产的基本流程

水流入到井下也增加了井下水量。如不及时把井下水排出到地面上来，不仅会影响矿井的安全生产，也会给正常生产带来很大困难，所以，必须健全排水系统。随着矿井开采的逐年延伸，排水距离也逐渐增加，所以一般采用二级排水、三级排水，也采用高扬程大功率水泵的一级排水。

2. 通风系统

矿井通风是保证井下工作人员呼吸新鲜空气、排除井下瓦斯，确保矿井安全的关键系统。这是因为，采煤的过程中，井下的煤会放出沼气（CH_4）、二氧化碳（CO_2）等各种气体及大量的煤尘、岩尘、炮烟等，同时温度高、湿度大，生产条件较为艰苦和困难，所以必须具备通风系统。通风方式多为中央对角线式或分列式，也有以采区为单位的独立通风形式。系统通风多以副井进风经大巷至工作面，再由主回风巷经风机排出地面，从而起到了通风换气的作用。掘进独立通风均以局部风扇来承担。

通风有压入式和抽出式两种。压入式通风是将风机的扩散器和矿井进风口连接。抽出式是将风机的进风口和回风井口连接，扩散器通向大气。一般瓦斯矿井中多用抽出式，因为抽出式通风的矿井中，井下气压低于大气压力，一旦风机因故障停止运行，井下气压立即上升，可暂时控制瓦斯的涌出，所以，较压入式安全。

矿井通风所需风量，经过计算得知，应使所有工作巷道内的空气中的氧含量不低于20%，二氧化碳及沼气的浓度不超过0.5%。按质量计算的有害气体成分不超过以下数值：一氧化碳 $30mg/m^3$，氧化氮（换算成二氧化氮） $5mg/m^3$，二氧化硫 $15mg/m^3$，硫化氢 $10mg/m^3$，氨 $30mg/m^3$。

计算通风所需风量，可根据矿井瓦斯出量、矿井同时最多工作人员数、同时间内最大炸药消耗量等工作条件，在保证矿井安全生产的前提下，确定最佳通风量。

3. 压风系统

煤矿采掘使用的风动工具是由空气压缩机带动的。压风系统包括：空气压缩机、主风管道、风钻支道及连接的各种风动工具。

4. 提升系统

矿井提升系统是煤炭生产的重要环节，一般垂直提升多采用罐笼，倾斜提升多采用绞车。

5. 运输系统

煤矿运输系统可分为井下的主运系统和地面上的外运系统，运输设备有直流电机车、运输皮带等。

除上述五大系统外，煤炭生产还有选煤系统。

二、煤炭工业的用电特点

煤炭开采机械化水平较高，要求不间断连续供电。其主要用电设备有水泵、风机、空气压缩机、运输提升系统的大型电动机等机电设备，且分散较广。这些设备的利用率、负荷率和效率一般较低。煤炭生产的排水、通风、提升、运输、压风及采掘五大系统的用电量比重见表8-2。

煤炭生产的基本生产用电量约占总用电量的95%，辅助用电量仅占5%左右。煤矿用电负荷波范围较大，不同的矿井、不同的开采水平和开采方式、不同的提升运输环节以及设备型号，均会使负荷变化很大。

表8-2 煤炭生产各系统用电比重

用电项目	用电量所占比重（%）
排水系统	18 ~ 40
通风系统	12 ~ 30
提升系统	10 ~ 15
运输系统	15 ~ 23
压风及采掘	15 ~ 30

1. 矿山供电负荷的分类

煤矿企业生产的特点是地下作业。对于供电的要求和负荷的分类，也应根据地下作业安全生产的特殊性具体对待。如果供电设备的设计、安装、运行等各个环节有不当之处，一旦发生断电事故，排水设备和通风设备停转，不仅会影响安全生产，而且可能会造成严重的人身伤亡事故或设备损坏事故。所以必须保证煤矿生产的供电安全、可靠。

根据用电设备在生产中所处的地位不同，以及突然中断供电后造成的后果不同，可将矿山用电负荷分类为：

（1）一类负荷。是指中断供电时，会造成人身伤亡、设备损坏、产生大量废品和生产流程受到严重破坏者。对矿山而言，如主通风机、井下主排水泵、井口提升机等用电设备。因此，对于一类负荷的用电设备都应采取双回路供电。

（2）二类负荷。是指当中断供电时，会造成生产混乱并影响产量者。对矿山而言，如压风机、采煤机组、采区变电所等。二类负荷可不安装备用供电线路。

（3）三类负荷。不属于一、二类负荷者，均为三类负荷。如辅助车间的动力用电、科室和宿舍照明用电等。

2. 煤炭生产的电能消耗

煤炭生产系统的大型机电设备分布较广，用电负荷变化频繁，设备负荷率、利用率都偏低，并且煤炭生产主要是通过电能转变成机械能，经过一系列运输、提升，把煤炭从地下运输到地面上来。为了完成各个环节机械运输过程，保证生产顺利进行，需对矿井进行必要的通风和排出矿井里的涌水。

各种机械设备在运转过程中的传动摩擦损耗以及直流运输系统的轨道连线接点的接头电压降损耗等约占总耗电量的 60% ~ 70%。还有担负煤炭生产供电系统的电力变压器、线路和大型电动机等的电能损耗也不可忽视。

三、煤炭工业的主要节电措施

煤炭生产的基本用电量占总用电量的95%，辅助用电仅占5%，因此，煤炭生产节电的重点是各生产系统。其具体措施有：

（一）排水系统的节电措施

1. 加强防治水工作

主要是减少矿井涌水量和地面回水量，以减少水泵运行台数和运行时间。应采取以下各项措施：

（1）采取注浆堵水防漏措施，减少井下涌水量，并且要疏通河道，整修地面河沟，防止地表水渗入井下。

（2）设挡水墙，堵截空区积水，不让它渗到生产区来，矿井灭尘、空压机冷却水和其他生产用水，应尽量采用井下水以减少排水量。

（3）加强排水管路的维修，定期清扫管路和水仓，及时堵补管路，在总排水处应有两个以上水仓，每个水仓的有效容积，应保持 4 ~ 8h 的储水量，以便使水能有沉淀机会，提高水泵效率，并能替换清扫水仓；在不允许扩大水仓的地方，可设置临时水仓以减少总水仓的污泥量。

（4）对井下备用水泵，应采取轮流使用的方法，防止单独用电干燥。

2. 提高水砂充填量

应采取以下各项措施：

（1）提高砂子质量，减少砂子含泥量。按充填头道篦子孔的大小调整砂子粒度，头道篦子孔应小于二道篦子孔，从而可提高充填量。

（2）改进充填管路，减少平盘及弯度。充填前做好一切准备工作，争取做到一次充填，减少充填次数，减少充填前后洗管子时间和洗管子用水，提高充填量。

（3）加强充填管路维修，防止管路跑砂子、跑水。

（4）在保证安全的基础上，适当控制水砂充填比，提高充填砂子的比例，对于不同的充填地点和不同的充填条件，应测定出最佳充填比，规定充填比定额。

（二）通风系统的节电措施

（1）测定并计算所需风量，应包括以下的内容：

1）根据矿井生产的具体情况，测定出风量，并按照煤矿保安规程的规定，按经常入井人数，计算所需风量；

2）合理调整风机叶片角度，使风量适当，定期测定井下漏风情况，主扇风机的漏风不得超过25%，局部扇风机的漏风量不得超过20%，如超过时应及时进行堵漏。

（2）合理选择风机的型号，应按下述基本原则：

1）根据矿井生产的发展变化，对所选用风机进行实际测定，并判断是否满足生产的需要，是否能够在最佳运行方式下工作；

2）如配备的风机存在着不合理的情况，应及时采取技术改造措施，或调整更换合适型号的风机，以达到节约用电的目的。

（三）提升系统的节电措施

（1）提高绞车的提升速度。在煤矿保安规程允许的提升速度范围内，改变电动机极数，来提高绞车的提升速度，缩短提升周期，提高提升能力。应当注意的是，在改变电动机极数前，应对绞车各机械部分的机械强度进行验算，强度必须能满足增速的要求。

（2）采用较合理的调速方式。绞车动力制动应采用晶闸管调压调速，既节电又准确可靠，还可以减轻劳动强度。

（3）加强维修减少阻力。应经常清扫绞车道，减少阻力，托绳轮不转时要进行修理或更换；对绞车电动机和减速箱，要保持不漏油、润滑良好、转动灵活；主井井筒罐道要平直，接头间隙应符合规定；斜井轨道要平直；托滚要齐全，运转灵活。

（四）压风系统的节电措施

（1）压风机集中开停。矿井应考虑集中安排生产，集中安排掘进、开拓、统一打眼的时间，同时间用风，做到空压机集中开停，缩短空压机运行时间，避免轻载或空载运行。

（2）加强管路维修、及时堵塞漏风。对压风管路应经常进行维修，及时堵塞漏风现象，改进管路接头，减少管路弯度，保持管路畅通无阻。

（3）加强用风管理。空压机房与掘进工作面的生产现场应设有通讯连络设施（如电话、灯或电铃），认真执行停送风制度，以减少空压机的空载运行。

（五）运输系统的节电措施

（1）矿车清扫机械化。矿车在运载过程中，因车中含有水、煤，常常卸不干净，部分煤粉积在车帮和车底，如不及时清扫，越积越多，将降低矿车有效容积，造成无效运输。所以，应采用机械化清车器，使卸车干净。消除无效运输，可大大提高运输效率，节约用电。

（2）加强运输管理。运输道应经常清扫，以减少运输阻力，尽量采取集中出煤，集中使用运输设备，以减少轻载运输时间。运输系统直流线路的电压降不应超过15%，起动压降不应超过30%。轨道连线必须完整，全线轨道均应有接线，以减少电压降损失。

（3）电机车采用可控硅脉冲调速。电机车应普遍采用可控硅脉冲调速，因为它比电阻调速器优点多，如电车行驶平稳，又可节电20%以上。

（六）加强电力调度，合理调整用电负荷

煤矿生产用电负荷波动较大，为了合理使用电能，应认真加强电力调度工作，有计划地合理安排大型用电设备的开停时间，尽量做到均衡用电，搞好用电平衡，减少高峰用电负荷，提高用电负荷率。对于可以间断开停的大型用电设备，如排水水泵、通风的风机等，要特别加强管理。确定各台设备的最佳运行方式，不仅可以减少电能消耗，而且对于电网安全运行也大有好处。

课题四　合成氨的节电技术

教学要求

了解合成氨的基本生产流程、各主要生产工艺流程的基本任务，掌握合成氨生产的用电特点及节电措施。

一、合成氨的基本生产流程

利用空气中的氮和氢，采用人工合成的方法生产的氨，称为合成氨。合成氨是常用的氮肥原料。

合成氨的生产过程，因所用原料、设备的不同而有所差异。目前，广泛采用的生产工艺流程，有碳酸氢铵流程、碳化氨水流程、高压水洗流程。在上述生产工艺流程中，锅炉、造气、脱硫、变换、压缩、水洗、铜洗、合成等工艺过程基本是一致的，只有脱除二氧化碳的方法不同及最终产品不一样。常用的几种生产工艺流程如图8-4～图8-6所示。

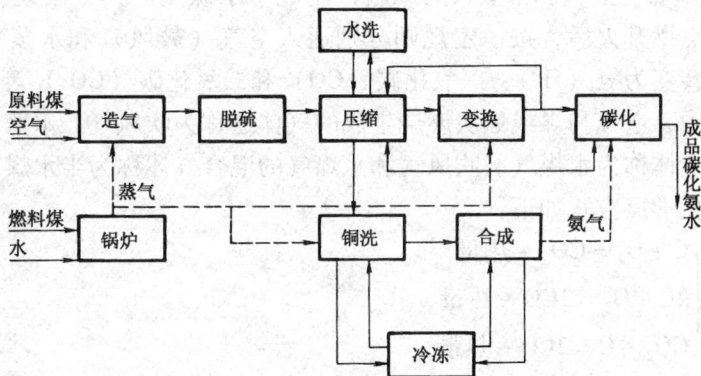

图 8-4　碳化氨水生产工艺流程（常压变换）

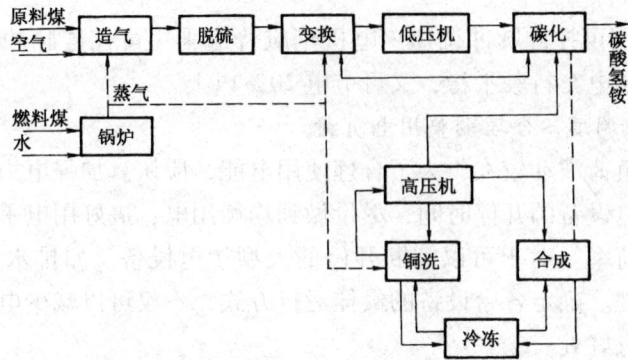

图 8-5 碳酸氢水生产工艺流程（常压变换）

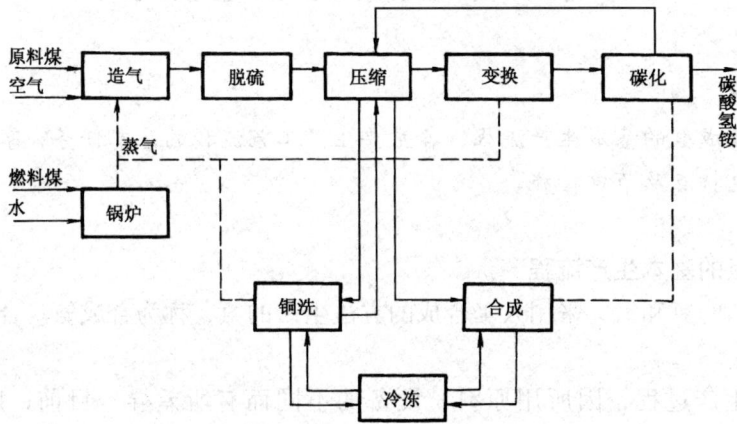

图 8-6 碳酸氢铵生产工艺流程（加压变换）

各生产工艺过程的基本任务是：

（1）锅炉。产生水蒸气供造气、变换、铜洗等工段使用。

（2）造气。以煤、空气和水蒸气为原料，制成半水煤气。其方法是将无烟煤或焦炭装进造气炉内，点燃升火后，按一定规则分别通入空气（鼓风）和水蒸气，从而将煤或焦炭中可燃物质转变为氢（H_2）、一氧化碳（CO）和二氧化碳（CO_2）等。

在气化过程中，空气与煤或焦炭燃烧生成的气体通称为吹风气。水蒸气与赤热的煤或焦炭作用生成的气体称为水煤气。吹风气和水煤气的混合气体称为半水煤气。

气化过程的化学反应式如下：

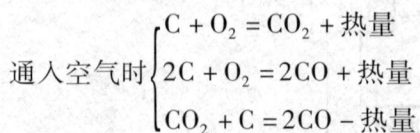

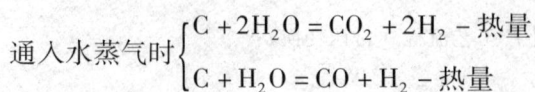

通入空气时
$$\begin{cases} C + O_2 = CO_2 + 热量 \\ 2C + O_2 = 2CO + 热量 \\ CO_2 + C = 2CO - 热量 \end{cases}$$

通入水蒸气时
$$\begin{cases} C + 2H_2O = CO_2 + 2H_2 - 热量 \\ C + H_2O = CO + H_2 - 热量 \end{cases}$$

上述几种气体中的成分所占混合气体的百分比，大致如表 8-3 所示。

表 8-3 混合气体中各种气体成分的百分比

气体名称 ＼ 气体成分 所占混合气体的百分比（%）	H_2	CO	CO_2	N_2	CH_4	O_2	H_2S
吹风气	1 ~ 2	3 ~ 4	16 ~ 18	71 ~ 78	0.5	0.2	
水煤气	45 ~ 50	38 ~ 40	6 ~ 7	4 ~ 7	0.5 ~ 0.7	0.2	0.2 ~ 0.5
半水煤气	36 ~ 37	32 ~ 35	6 ~ 9	21 ~ 22	0.3 ~ 0.5	0.2	0.2 ~ 0.3

生产合成氨所需的原料气中，氮气和氢气的比例约为 1：3。从表 8-3 可见，吹风气中的氢气含量约只有氮气的 $\frac{1}{50}$，水煤气中的氮气只有 4% ~ 7%，约为氢气的 $\frac{1}{10}$；半水煤气中的氮气和氢气的比例约为 1：2，而不是 1：3。但是，其中的一氧化碳也可视为有效气体。因为 CO 经过变换后，可与水蒸气（H_2O）作用，转变为有用的 H_2 和易于清除的 CO_2，这样，在半水煤气中，氮气与一氧化碳和氢气之和的比约为 1：3，可满足制造合成氨所需要的原料气。

（3）脱硫。造气系统制得的半水煤气中含有硫化物，需要进行脱硫处理。脱硫的方法有多种，广泛采用的方法有碱液脱硫和氨水脱硫，其工艺过程基本相同，但碱液脱硫消耗碱和电能较大。经过脱硫处理的气体中 H_2S 的含量不应超过 $0.15 ~ 0.2g/m^3$。

（4）变换。经过脱硫送来的半水煤气中的一氧化碳，在触煤存在的条件下，与水蒸气反应，生成氢气和二氧化碳，然后送往压缩系统。它的反应式是

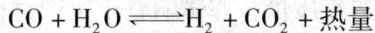

$$CO + H_2O \Longrightarrow H_2 + CO_2 + 热量$$

经变换后的原料气叫作变换气，它所含各种气体成分的体积百分比如表 8-4 所示。

表 8-4 变换后的气体百分比

气体成分	H_2	CO	CO_2	N_2	CH_4	O_2	H_2S
百分比（%）	51 ~ 52	2.5 ~ 4	28 ~ 30	16 ~ 17	< 0.4	< 0.1	< 0.1

（5）压缩。变换气通过压缩机前部几段气缸（或用低压机）加压后送水洗系统，经高压水洗涤再回到压缩机后部气缸继续提压，再送到铜洗系统。

（6）水洗。由压缩机送来的变换气从水洗塔下部入塔，与塔顶喷淋下来的高压水逆流接触，除去气体中的二氧化碳和少量硫化氢，再由塔顶部出来，回到压缩机。由于二氧化碳与硫化氢在水中的溶解度比氮、氢等气体要大得多。所以，通过水洗可清除二氧化碳和硫化氢，而氮和氢只有少量损耗。

（7）铜洗。水洗气回压缩机提压后，送铜洗。在铜洗塔内与铜液逆流相遇，以除去残留的 CO、CO_2、O_2、H_2S 等有害气体，制成精炼气。气体最后从塔顶送出，去合成系统。

（8）合成。由铜洗送来的精炼气，经压缩机提到一定压力送往合成塔内，在高温和有合成媒存在的情况下，使纯净的混合气中的 N_2 和 H_2 化合成为氨，即

$$3H_2 + N_2 = 2NH_3 + 热量$$

生成的气体氨被引出合成塔后冷凝成液氨，最后根据需要制成各种不同形态的氮肥。

二、合成氨的用电特点

合成氨生产用电的特点是连续性强。在生产中，自锅炉、造气到合成，直至生产出化肥的全过程，都是在密闭设备和管道所组成的生产线内进行的。压缩机就像人的心脏一样，不断把造气经脱硫、碳化、铜洗后吸入气体，又不断将气体送经变换、铜洗、合成，最后生成液氨。气体在各个设备中要进行化学反应，由于生产流程长，连续性强，而且必须保持在高温、高压、高纯度的条件下进行生产。由于这些特点，决定了各个供电设备必须做到不间断供电，如果停电就会造成设备事故和给生产带来严重的损失。

合成氨厂的用电负荷较稳定，日负荷率在95%以上。消耗电能较大的用电设备有各种空压机、水泵和风机，这几种设备的容量约占生产用电设备总容量的90%。

电耗是合成氨生产的主要能耗之一，占成本的 $1/4 \sim 1/3$。一般来说，用碳铵法生产每吨合成氨的综合电耗约为1500kWh，用水洗法生产每吨合成氨的综合电耗约1700kWh。

影响合成氨的电耗的因素很多，由于合成氨的生产过程是一系列化学反应的过程，而温度、压力、浓度等的变化都对化学反应有影响，这些因素又与设备状况、水质、煤质、电能质量、气候、操作和调度等有密切的关系，所有这些都会造成电耗有较大的差异。

对于整个生产线上的设备，必须连续运行。如果在正常生产过程中，突然停电或急剧压缩负荷，都会造成全部高压设备载压停车，不仅影响设备使用寿命，还会造成生产系统憋压、倒流、控制失常、使生产系统瘫痪，甚至造成人身伤亡事故。同时，突然断电引起的急剧降负荷，会造成气体大量放空，给生产造成严重浪费，直接影响合成氨生产。

原料煤的质量好坏，影响造气质量，亦影响整个生产过程及产品电耗。

三、合成氨的主要节电措施

合成氨生产节电的关键是稳定生产，连续生产，提高气体质量，充分发挥设备的效能。

其主要节电措施有：

1. 加强生产管理中的查核工作

合成氨生产的节约用电，是一个比较复杂的问题。必须使供用电和生产工艺过程密切配合，尽可能提高能源利用率，降低电能消耗，增加生产量。为此，可先确定理论用能量，再与实际用能量相比较，最后确定合成氨生产中的节约用电原则。

合成氨生产的损耗主要出现在压缩机和氨合成塔中，它们约占氨合成系统有效能总损耗的50%。这些设备工作状况的好坏，对操作指标的影响很大。实践证明，认真加强日常生产管理是节约用电的重要途径，一般在生产过程中需要编制节约能源的生产管理查核项目表，要经常观察分析工艺变化情况，及时调整参数接近规定，并做好能量平衡分析工作，找出节能的具体措施。

生产管理查核工作，一般可参照下列各项内容进行。

（1）转化及净化。查核空气压缩机入口过滤器的情况；空气压缩机的放空阀关严否；空气压缩机中间冷却器的冷却水是否够；蒸汽背压是否过高；空气压缩机排出压力是否高；转化炉中催化剂的状况。

查核氢—氮比控制是否适当；转化炉泄漏及保温情况；转化炉燃烧空气量；烟道气中一氧化碳和烃含量；操作的水碳比及夹套水流量；变换催化剂情况；床层阻力情况；二氧化碳吸收塔的温度及二氧化碳吸收液循环情况；吸收塔出口二氧化碳含量与再生塔煮沸器能量的关系等。

（2）合成及冷冻。检查合成气压缩机密封系统的气体损耗；氨冷冻压缩机密封系统的气体损耗；压缩机的返回阀是否关闭、是否泄漏；压缩机的速度控制是否适当；表面冷凝器真空度值；合成催化剂的情况；合成气入口是否在最佳温度；冷凝气分配是否最佳；循环量是否适当等。

此外，凡是与节能有关的项目，都应列入查核内容。

2. 加强生产调度，保持稳产高产

要保持合成氨生产的稳产、高产，才能使电气设备在最经济情况下运行；如果生产不正常，产量不稳定，电气设备就处于不经济运行状况，合成氨的电耗必将升高。为此，要切实加强生产调度管理，严格进行工艺操作。从造气开始，要严格控制氢—氮比，使进入合成塔的氢—氮比符合生产要求，减少放空。在变换工序，要严格控制一氧化碳含量，使之低于3.5%，以免后道工序作"虚功"，防止精炼气再回到变换工序。

3. 改革工艺回收放空气体

（1）常压变换。将常压变换改为加压变换，用低压机打半水煤气代替打变换气，并提高低压机压力，来提高低压机出力和变换效率，可以节约用电。合成氨生产各工序用电中，气体压缩机用电占70%～80%，而低压机用电又占压缩机用电的30%，所以，低压机打半水煤气代替高压机变换器，节电效果是很明显的。

（2）一水多用。碳化塔中用过的冷却水还有余压，如果水温不高，可送往用于精炼及合成的水冷器。喷射装置冷却除尘后有一定压力的冷却水，可送至碳化固定副塔作冷却用等，这样可达到一水多用，降低水泵负荷，节约用电。

（3）回收放空气体。回收利用放空的气体，如在铜洗精炼再生时释放出的一氧化碳和二氧化碳，可回收到变换工序使用，用再生气生产合成氨和碳铵，可以提高化肥产量。

（4）采用碳酸丙烯脂脱碳新工艺。碳酸丙烯脂溶解、吸收二氧化碳的能力比水强4倍。采用这种新工艺，可提高脱碳效率，可使生产每吨合成氨的电耗降低150～200kWh。

4. 加强设备维修，提高设备完好率

加强设备维修、提高设备完好率，消除生产装置和管路系统的跑、冒、滴、漏损耗，降低泄漏率，是降低合成氨电耗的有效措施。因此，对合成氨生产系统的各种装置设备和管路，必须实行定期检修，并且要坚持日常维护检修，及时消除设备缺陷，保持正常生产，使各项设备在最佳运行方式下工作。

课题五　棉纱和棉布的节电技术

教学要求

理解棉纱和棉布的基本生产流程及生产中常用的名词，掌握棉纱、棉布的生产用电特点以及主要的节电措施。

一、棉纱和棉布的基本生产流程

棉纱的原料是原棉，通过清花、梳棉、并条、粗纺、精纺等工序后生产出棉纱。棉纱除了直接用于织布外，还可以经并筒、摇纱、成包等工序打包出售。

棉布的生产过程包括络经、络纬、整经、浆纱、织等工序。成品布经过整理、打包等工序后即可送印染或直接供应市场销售。

棉纱和棉布的基本生产过程，如图8-7所示。

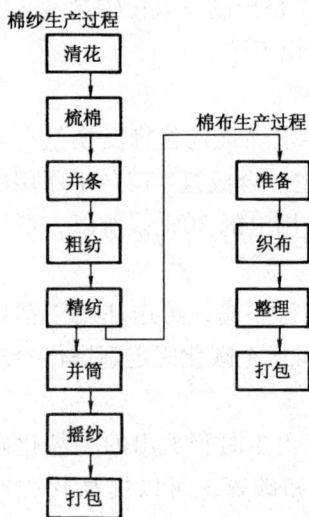

图 8-7　棉纱和棉布的
基本生产过程

1. 棉纱

（1）清花。将原棉解包、松散、输入抓棉机，经过棉箱、开棉机、清棉机、凝棉器、配棉器等清除原棉中的杂质、灰尘，初步清除短绒，絮成厚薄均匀、质量良好的棉卷，供梳棉工序。

（2）梳棉。将棉卷内的纤维束进行松解、梳整、清除短纤维和细小的杂质，并进行牵伸，拉成均匀的棉条，然后进行精梳。精梳可使棉纤维进一步松散、分离、伸直平行；也可梳掉棉条中的短纤维，清除棉纤维中的棉结和纤维疵点。

（3）并条。为提高棉条的均匀度，利用并条机将棉条纤维拉直和平行，为粗纺工序准备好条件。

（4）粗纺。将并条机生产的棉条，经过牵伸、加捻、卷绕、制成粗度合乎规格的粗纱。

（5）精纺。精纺又称细纺，利用细纱机将粗纱继续进行牵伸、加捻、卷绕、制成具有一定强度和捻度的标准细纱。

（6）并筒及成包。将细纱用槽筒式或往复式络筒机络纱，然后再经过高速并筒机、拈线机、摇纱机等摇制成纱线、打包出售。

2. 棉布

（1）准备。将细纱用高速络筒机进行络经、络纬、整纱和上浆，再经接经机，穿筘机等做好织布前的准备工作。

（2）织布。将经纱挂进织布机，将纬纱装梭，开动织布机即可织成布。

（3）整理。这是织布过程的最后一道工序，通过验布机检验布匹的质量、鉴定产品等级。最后再经刷烘机将棉布刷洗去污，烘干整理、折布、打包后入库。

3. 棉纱、棉布生产中常用名词浅释

（1）棉纱的件数。棉纱的产量按吨计算，但习惯上有按件计算的。一件纱的质量为181.44kg。

（2）棉纱支数和号数。在英制中，棉纱的支数等于把1lb（454g）棉纱延伸开，分成每根长840yd（768m）的棉纱根数，所以，支数越多，纱越细。在公制中，用每千米棉纱的质量（g）来表示棉纱的粗细，这就是棉纱的号数。

（3）罗拉。是英文"Roller"（滚筒）的音译，系指纺纱机上起牵引作用的滚筒。罗拉有前、中、后三个，前罗拉与后罗拉转速之比，为该机台的牵伸倍数。同样的粗纱被牵伸的倍数越大，纱越细。

（4）拈度。纺纱时，要用加拈的办法来增加纤维间摩擦力，提高纱线强度。公制拈度表示纱线每10cm的加拈数（即旋转圈数）。棉纱越细，加拈越多。

（5）锭速。锭速就是细纱机锭子的转速。一般情况下，纺制高支纱，锭速高，纺制低支纱，锭速低。因为低支纱用的钢丝圈较重，转速高时易发热。如27.8号（相当于21支），锭速为16000r/min，其他纱号的锭速，大体按下式算出

$$v = \sqrt[3]{\frac{27.8}{纱号}} \times 16000\text{r/min}$$

锭速与棉纱的支数、产量及拈度有关。如罗拉转速不变，加快锭速，可提高纱线的拈度。

（6）格林。是英语"grain"的音译，原意为小麦的平均质量，在棉纺织厂用以表示梳棉、并条、粗纱工序中制成棉条的每码质量。1格林等于64.8mg。棉条越细，格林越大。

（7）纬密。每10cm长棉布内含有的纬根数就是棉布的纬密。纬密高，经密也高，标准纬密是236。

（8）织机转速。以主轴每分钟的转数表示，也等于织机每分钟的投梭次数。

二、棉纱和棉布的用电特点

棉纱和棉布的生产用电中，约有80%的电量消耗在纺织机的机械摩擦上，电能的利用率低。其次，空调和机修等辅助用电也占较大比重。

棉纱和棉布生产车间，须保持一定的温度和湿度。为了满足生产工艺要求，需要安装一定数量的空调设备，以便清除车间内的灰尘并调节温度、湿度。纺织厂空调用电随着季节的变化有很大的差异。最低时，空调用电约占全厂用电的13%，最高时，可达40%左右。

生产棉纱和棉布的机械设备，平均容量和单台容量较小，但是，台数很多，总容量相当大。用电负荷比较均衡，日负荷率较高。

棉纱生产中精纺工序所用的细纱机，台数多、用电量也大。细纱机的主要部件为锭子。电动机经传动机构带动滚筒，滚筒带动锭带，一根锭带带动四枚锭子。

织布机用电负荷不够稳定，在投梭的瞬间负荷最高，投梭后负荷下降。

棉纺织厂的生产规模，通常用纱锭数和织布机台数来表示。一般每万锭的用电负荷

（包括配套的其他工序及辅助生产用电）约为 500kW，每百台织布机的用电负荷为 100kW。

棉纱和棉布品种规格很多，生产设备的性能和参数也各有差异。因此，产品电耗也有很大差别，我国纺织工业产品单耗棉纱为 1030～2330kWh/t，棉布为 13～27 kWh/100m。

细纱机的产量与锭速成正比，细纱机的用电负荷与锭速的 2.1～2.3 次方成正比，可见，提高锭速虽可提高产量，但也会使电耗升高。

三、棉纱、棉布的主要节电措施

棉纱、棉布及其原料都相当柔软，在纺纱、织布过程中所需的有效机械能不大。但由于棉纺织设备的部件较多，各部件的运动方式及作用又不相同，所以，在机台摩擦、传动上的能量消耗较大，一般约占耗能总量的 60%。因此，纺织工业节约用电的主要途径是减少摩擦及传动损耗。

（一）减少摩擦及传动损耗的基本概念和一般措施

1. 摩擦

两个物体的接触面间有相对滑动时，彼此阻碍相对滑动的阻力称为动摩擦力，它等于接触面之间的正压力与动摩擦系数的乘积。动摩擦系数由物体的材料性质和表面情况（粗糙度、温度、湿度等）以及相对滑动速度而定。

2. 机械传动

在生产设备的传动过程中，各种传动方式的传动效率有差别。即使传动方式一样，由于松紧不一、间隙不等、润滑方式的变化，传动效率也会变化。为减少设备的传动损耗，可先测定设备的传动效率，并改革低效率的传动方式（如天轴集体传动）和支承装置，减少变速及往复传动次数，并适当调整必要的摩擦力。例如织布机传动皮带的松紧度要适当，因为皮带传动中的有效圆周力与皮带的拉力成正比，如拉力太大将使功率消耗增加。在齿轮传动中，要使隔距符合标准，咬合准确，运转时不振动，无异音。

3. 润滑

对运行中的机械设备施以润滑剂是减少摩擦损耗的重要措施，润滑的同时，还有冷却、防尘、防锈等作用。

4. 润滑油黏度

黏度是润滑油的主要质量指标之一。黏度的高低表示液体受外力作用而流动时流体分子间所现出的摩擦力。黏度越低，摩擦力越小。

各种润滑油的黏度都随温度的升高而降低，黏度越高，受温度变化的影响越大。

为减少运转设备的摩擦阻力损耗，应尽可能选用黏度较低的润滑油，并根据季节的变化加以适当调整。

（二）主要生产设备的节电措施

1. 梳棉机

梳棉机是梳棉工序的主要设备，其所用电能，主要消耗在锡林（圆筒——cylinder 的音译）、刺毛辊和斩刀部件的运动上，其中锡林耗电量约占梳棉机总耗电量的一半。各部件用电负荷与转速的关系可见下式

$$\frac{负荷2}{负荷1} = \left(\frac{转速2}{转速1}\right)^k$$

k 值对锡林约为 1.15，对斩刀与刺毛辊约 1.5。

梳棉机节电措施为：

1）适当降低锡林，刺毛辊和斩刀的速度；

2）合理提高道夫（滚筒——doff 的音译）的转速，可增加台·时产量，降低电耗；

3）定时清扫滤尘设备，减少阻力损耗；

4）调整刺毛辊与复盘的隔距以及盖板、前罩板、刺毛辊与锡林的间隔；

5）改善润滑条件，改进给油方法（如改为自动连续加油）；

6）逐步改造或淘汰低效率的旧设备。

2. 细纱机

降低细纱机用电，主要靠减少摩擦和传动损耗，并应以锭子及锭带部分为重点。

（1）选用合适的锭子油。由于锭子速度很快，因此，锭子油的黏度越低越好。例如：用 50℃时，黏度为 3.9 厘泡的油代替 5 厘泡的油，可节电 1% ~ 2%。

（2）选用合适的锭带。合理降低锭带张力。应根据具体情况，选用较理想的锭带，统一锭带长度，并用调整重锤位置的办法合理降低锭带张力，一般可节电 2% ~ 6%。

（3）细纱机的其他节电措施简要介绍如下。

1）在保证产量、质量的前提下，改用质量较轻，摩擦系数较低的钢丝圈，并尽可能采用小钢领（钢领是钢丝圈的轨道）、小木管；

2）做好钢领板与重锤之间的平衡，减少钢领板升降时的能量消耗；

3）加强检修维护，及时擦车、补油、要定期清洗锭胆（保持原配套），换、洗锭油；

4）减少空锭，提高台时产量；

5）对断头吸棉装置，可设法减少吸棉管中各处的真空度差异，并在此基础上适当降低吸棉机的真空度，减少漏风损耗，及时清除吸棉箱及风道中的棉花、杂物。

3. 织布机

根据织布机用电负荷不稳定、投梭耗电比重大的特点，其节电措施如下：

（1）减少投梭用电。投梭的耗电正比于投梭的动能，即

$$投梭耗电 \propto \frac{(梭子质量) \times (梭子飞行速度)^2}{2}$$

由上式可知，使用轻质梭子可降低耗电，而降低梭子飞行速度的节电效果更为明显。在适应织布机箱幅及产品品种要求以及避免飞梭、跳纱的前提下，如能缩短梭子的动程，就可以降低梭子飞行速度、降低投梭力，减少梭子与梭箱及梭道间的摩擦损耗。

根据具体条件，改用弹性好，质量轻的打梭板，尽可能做到梭箱松、皮圈松。

如投梭部分的节电措施得当，织布机的电耗一般可降低 2% ~ 5%。

（2）采用弹簧皮带盘。织布机采用弹簧皮带盘时（或弹簧电机座）可以均匀电机负荷。在低负荷时，弹簧被压缩，即储存能量，投梭瞬间高负荷时，弹簧伸展，即释放能量。这样不仅可节约有功功率，还有利于提高功率因数。

4. 空调设备

空调设备的节电措施是提高风机、水泵效率，减少跑、冒、滴、漏；合理用风、用水、用气和用冷。棉纺织厂对通风的要求是随温度而变化的，所以，风机改用多速电动机亦可有效地节约用电。

课题六　水泥生产的节电技术

教学要求

掌握水泥生产的基本生产流程和用电特点，正确理解水泥生产中的主要节电措施。

一、水泥生产的基本生产流程

水泥在基本建设中与钢材、木材一起被称为三大主材，是重要的建筑材料。

水泥品种很多，按用途可分为普通水泥和特种水泥两大类；按组成成分可分为硅酸盐水泥、铝酸盐水泥、硫铝酸盐水泥、氟铝酸盐水泥等四种。

水泥生产的基本过程是：把几种原料按适当的比例配合后，在磨机（生料磨）中磨成生料粉；然后将制得的生料粉在回转窑或立窑中进行煅烧，窑内的最高温度为1450℃，经过一系列物理的和化学的变化后，煅烧成熟料；再把熟料配以适量的石膏及混合材料在磨机（熟料磨）中磨成细粉，即成水泥。其基本生产过程可概括为两磨一烧，即生料球磨、熟料球磨和生料煅烧。水泥生产的各道工序之间是密切联系的，图8-8及图8-9分别表示用回转窑和立窑生产水泥的过程。

水泥生产根据制备的生料，可分为干法生产和湿法生产两种。干法生产，就是把原料先进行烘干，再送进磨机中磨成生料粉。湿法生产，是把原料加水在磨机中磨成生料浆。

另外，还有把干生料粉中加入适量水制成料球的方法，称为半干法生产。

二、水泥生产的用电特点

水泥生产是三班连续作业，用电特点是大型用电设备较多，主要有破碎机、球磨机、窑、运输机等。由于矿石开采和运输距离的不同，以及对设备型号、容量选择的差异，同类型水泥厂的各生产工序用电量比重也各有差别。一般回转窑生产水泥和立窑生产水泥各工序用电量比重如表8-5所示。

表8-5　　　　　　　　　　　　水泥生产各工序用电量比重

项　　目	用电比重（%）		项　　目	用电比重（%）	
	立　窑	回转窑		立　窑	回转窑
矿石开采	2	2	熟料磨	38	39
生料磨	25	25	水泥包装	2	2
窑	22	18	其他辅助生产	11	14

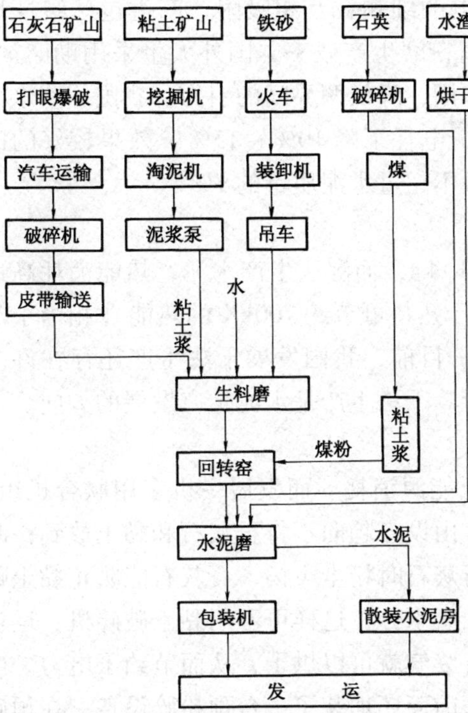

图 8-8　回转窑生产水泥的流程

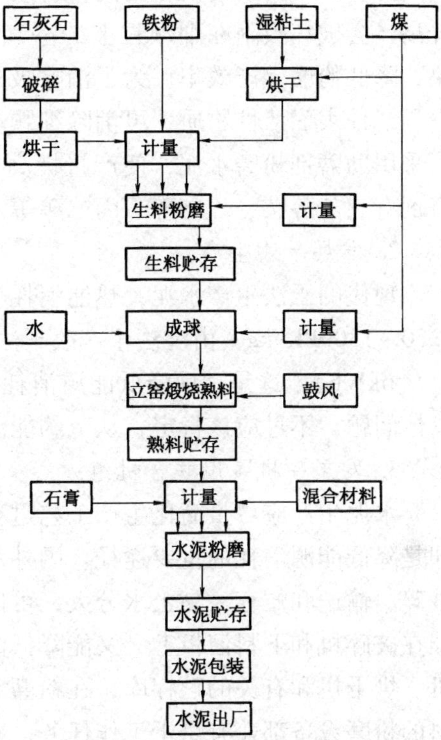

图 8-9　立窑生产水泥的流程

从水泥生产各工序用电比重中也可以看出，水泥生产的主要耗电设备是两磨一窑，因此，如何提高磨机效率，降低损耗是水泥行业节电的关键。

三、水泥生产的主要节电措施

从上面分析可知，水泥生产的主要耗电设备是两磨一窑。因此，提高磨机效率、降低损耗是节电的关键。采取的节电措施有：

1. 降低球磨机用电消耗

（1）合理选配研磨体。

为了提高球磨机的粉磨效率，必须确定研磨体的规格及其用量，即所谓研磨体的级配。

研磨体级配不宜过多，因为研磨体在磨内运动过程中会产生自然分层现象、直径小的处于外层，大的处于内层，级配过多会影响粉磨效率。一般第一仓三级配球、第二仓不超过四级配球，第三、四仓用单一品种。有的对生料磨采取第一仓装棒，第二仓装球，第三、四仓装段，不过各种设备的具体技术条件不同，在确定级配时，要分析判断是否合理。

（2）采用新工艺。改进生产方式，采用粉磨新工艺，如球磨机由开流生产改为圈流生产。所谓开流生产又叫单层粉磨，指物料从磨头喂入，经一次粉磨达到细度要求。圈流生产又叫循环粉磨，指物料加入磨机后，不必全部达到要求细度，要以较快的速度通过球磨机，然后进入选粉机，其中细度合格的部分及时地分离出来，剩下的粗粒再回到磨机中粉磨。采用圈流生产与开流生产相比，产量可提高20%左右，电耗可降低10%左右。

另外，采用助磨剂，提高粉磨效率，也是一项很好的措施。因为水泥粉磨随着温度的升高，会破坏吸附在细颗粒上的空气薄膜，使带电的细颗粒互相吸附，产生包球缓冲现象，降低粉磨生产效率。为了消除吸附现象，提高粉磨生产效率，国外大量采用助磨剂，它是一种表面活性物质，可消除细颗粒间的吸附作用，降低两界间的引力。我国一些水泥厂采用助磨剂粉磨水泥，使产量提高15%～20%，电耗下降10%～15%，效果较好的助磨剂有三乙醇胺、乙二醇、丙二醇等。加入量一般不超过水泥质量的1%。

2. 发展干法生产

现代的干法生产水泥，热能消耗为720～760kK/kg，而湿法生产水泥，热能消耗高达1250～1300kK/kg。由湿法生产改干法生产，每公斤熟料可节约700kK的热能（相当于节电0.6kWh），这是一项降低能源消耗的重要措施。目前，我国发展干法生产还存在许多具体问题，不过应该肯定，从节约能源的角度来看，干法生产是水泥生产发展的方向。

3. 发展一机多用联合机组

水泥生产应尽量简化生产工艺过程，以求降低能源消耗。而发展一机多用联合机组，却是降低能源消耗的重要途径。国外水泥企业，矿山设备趋向于将石灰石和黏土放到一起破碎、输送和贮存。黏土水分大，可以防止破碎石灰石时粉尘飞扬，石灰石能防止黏土贴挂在破碎机和下料溜板上，又能降低混合原料的入磨水分，这样可不用黏土破碎机、运输机、烘干机和有关的贮存库，在粉磨系统内利用窑废气就可以烘干，从而节约了电力。生料的粉磨设备都兼有烘干工作任务，新式的生料磨前面还加装了一台预粉碎设备，在预碎机、选粉机和球磨机中都可进行烘干。这种系统可节电15%～30%。

4. 合理使用电气设备，减少电能损耗

在水泥企业里大型用电设备较多，对于设备型号、容量的合理选择、机电设备的合理匹配是降低电能损耗的重要方面。因此，对于水泥的破碎机械、球磨机、喂料及输送设备，窑的附属设备、烘干设备、包装机械等一些机械设备的选型与电动机的配套问题应该进行技术经济比较和现场实际测定。要根据实际生产能力、设备实际负荷及负荷特点选择使用有较高的利用率、负荷率及高效率的电气设备。要加强生产调度，有计划地开、停机械，减少和避免设备频繁开停。

课题七　造纸的节电技术

教学要求

掌握造纸的基本生产流程及各工序的作用，理解造纸生产的用电特点和造纸的节电措施。

一、造纸的基本生产流程

机制纸的生产包括制浆和造纸两部分。制浆就是从植物纤维原料中将纤维分离、切割，制成纸浆供造纸使用。制纸浆的方法可分化学法、机械法和化学机械法三种。目前生产中采用的方法主要有亚硫酸盐法、中性亚硫酸盐法和碱法（包括硫酸盐法、苛性钠法等），以碱法用得较多。制成的纸浆按性质和用途分有溶解浆、软浆、硬浆、半化学浆和机械浆等；按纸浆的原料分有草浆、竹浆、棉浆等。各种纸浆原料经过机械加工就成为所需要的机制纸。机制纸的生产由备料、蒸煮、洗涤、筛选、漂白、打浆、造纸等工序组成。基本生产流程如图 8-10 所示，分别叙述如下：

（1）备料。首先要准备好造纸用的原料。备料是指蒸煮前对原料的初加工，包括拣料、切断、除尘、筛选、贮存等。备料工序的主要任务是：

1）清除造纸原料中的杂质、泥砂；

2）将原料切成一定的长度，以便于输送和除尘，并且在蒸煮时容易使药液渗透，提高蒸煮的效果；

3）提高原料的均匀性。

（2）蒸煮。植物纤维原料要制成纸浆，必须经过蒸煮工序。蒸煮工序的主要任务是在高温下碱液同植物纤维起化学作用，析出非纤维素，保留纤维素和半纤维素，使纤维分离成浆。

蒸煮时的水分将影响碱液浓度、蒸煮速度和粗浆质量。因此，必须对水量加以控制，使原料、水分和所用碱液保持一定比例。

蒸煮时间以及蒸煮方式的选择，影响到蒸煮的效果。若是蒸煮不熟则夹生，会使筛选负荷增加、筛渣多、损耗大，同时也增加了漂白剂的用量。如果蒸煮过度，则发焦，纤维太软，纸浆收获率降低，纤维强度下降，洗涤时滤水困难，抄出的纸强度也差。

（3）洗涤和筛选。蒸煮后的浆中含有的残碱、从原料中溶解出的有机物和原料中带进来的泥砂、杂质以及没有蒸煮好的草节粗大纤维等，必须通过洗涤除去，否则混在浆里不仅影响产品质量，而且在抄纸过程中会出现糊网、糊毛布、粘辊等情况。如纸浆中含有较多的残碱，生产中经常搅拌就会产生大量的泡沫，在漂白时将增加漂液消耗量，使浆不易漂白。洗选的任务是清除浆中杂质，在保证粗浆洗干净的基础上，做到产量高、洗涤用水量少，纸浆的流失量少。

（4）漂白。把黄褐色的纸浆经过漂洗变为白色，以便生产出洁白纸张。在漂白过程中，可以继续溶解蒸煮后残留的木质素及非纤维物。通过漂白洗涤，把杂质清除去，得到精制纸浆。由于漂液对纤维有损害，会降低纸浆纤维的强度，所以既要纸浆保持较高的白度，又要保持一定的纸浆强度。

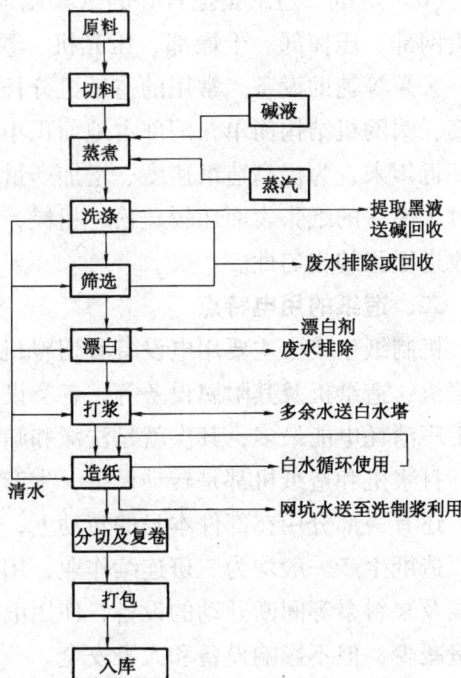

图 8-10　造纸生产基本工艺过程

（5）打浆。经过蒸煮、洗涤、筛选和漂白等工序后的纸浆，还不能直接用于造纸。因为没有经过打浆处理的纤维，缺少必要的切断和分丝，造出的纸疏松多孔，表面粗糙，强度很差，达不到质量要求。

打浆是用机械办法处理纤维，其目的是为了把纤维束分成单纤维，横向切断过长的纤维，纵向分裂过粗的纤维，同时产生润胀水化作用，增加柔性和弹性，以适合造纸的需要。

（6）造纸。造纸是把打好的纸浆制成机制纸，这是造纸生产中最后一道工序，造纸机由网部、压榨部、干燥部、压光机、卷纸机等所组成。附属于造纸机的设备还有搅拌机、浆泵等辅助设备。常用的造纸机分长网和圆网两类。长网机不受离心力限制，抄速可提高，圆网机结构简单，网部占地面积小，投资少。

近年来，为提高造纸速度、增加产量，出现了立式夹网、离心式夹网等新型造纸机。经过干燥后的纸张表面还较疏松、粗糙，所以最后还要经过压光，以提高光泽度、平滑度并改进纸张的均匀性。

二、造纸的用电特点

机制纸生产中主要用电设备有切料机、各类打浆设备、各种水泵、浆料泵、真空泵、磨浆机、造纸机及其附属设备等，各类设备的安装容量和用电量各不相同。一般打浆和造纸工序消耗电能最多，其次就是洗涤和筛选工序。

打浆机和造纸机都是转动设备，生产中消耗的功率有很大一部分消耗于各种摩擦损耗上，还有一部分用在部件本身的转动上，实际用于打浆和造纸的有效功率并不多。

造纸生产一般均为三班连续作业，用电日负荷率较高。切料机、间歇式打浆机、各种水泵及浆料泵等间断开动的设备，使用电负荷会有变化。生产过程中，如临时停电，将使产量减少，但不影响设备和人身安全。

由于造纸生产所使用的原料不同，产品的品种规格很多，电耗也各不相同。在可比条件相同的情况下，设备使用效率高低，工艺管理完善与否，都会使产品电耗相差很大。造纸生产的用水量较大，生产每吨纸耗水量在 $250\sim450t$ 之间，如能降低耗水量，也可降低电能消耗。总之，机制纸的节电潜力也是可观的。

三、造纸的主要节电措施

1. 提高备料及蒸煮质量

备料蒸煮质量的好坏，直接影响制浆的质量。而提高制浆质量的关键在于抓好备料工作和提高蒸煮效率，改进粗浆质量。

（1）抓好备料。以草、布、麻等为制浆主要原料时，切料大小要适度。布料二寸见方为宜，草料长约三寸。切草前要先除去难以叩解和漂白的稻穗及带有泥砂杂质的根茎。切料机刀口要保持锋利，定时紧刀、换刀、校刀并调整压辊与刀口间的距离以提高切料效率。

以木材为制浆原料时，先剥去树皮。剥皮质量的好坏，也直接影响到制浆的质量。因此剥皮机和削片机的刀具刀口要经常保持锋利，以提高产量。

（2）提高蒸煮效率、改进粗浆质量。要根据原料及浆种的不同，作出蒸煮加热操作曲线，以提高制浆质量并缩短蒸煮时间。

在用机械法生产木浆时，为了改进粗浆质量和节约用电，要设法提高磨木机的生产效率。磨石要保持粗糙、锐利，要定期刻纹。装料要尽量装紧、装实，减少木材间空隙，扩大有效摩擦面积。

2. 改进打浆操作

（1）合理落刀。这是缩短打浆时间、节约打浆用电的关键。根据浆料和生产要求的不同，做出落刀操作规定。制半浆时，是以切断纤维为主。因此，刀距要小，尽可能使电动机和打浆机在效率较高的情况下工作。制成浆时是以细纤维化为主，一次落刀的程度可控制到上下刀略有轻微接触，或按具体情况逐步落刀。对质量要求不太高的纸浆，可提早落重刀、加快切割。

（2）控制打浆机的装料量及浆料的浓度。如装料过多，浆料流转呆滞，动力消耗大。如装料太少，则动力大多消耗于水的搅动，对浆料所起的机械作用较小。

对于浆料的浓度亦要适当控制。如浓度高，刀片间纤维数量多，有助于纤维的细纤维化，但各纤维所承受的压力相应减少，对纤维的切断作用降低。所以，在制半浆时，浓度宜低；制成浆时，浓度再稍提高。

（3）利用易叩解的纸边、损纸、废纸等打浆。可先用蒸汽加热使之软化，然后用碎纸机、搓纸机等打散，以缩短打浆时间。

（4）不用打浆机进行洗涤、漂白等工作。打浆机本身是效率较低的设备，因此纸浆的洗涤、漂白等工作尽可能不由打浆机承担，确需在打浆机内进行时，应设法提高洗涤或漂白的效率。例如，在漂白时，可加入漂液，并将浆料加热到35℃左右（过高纤维会受损），在搅拌均匀后把打浆机停下。待漂白完毕后再开机。

（5）定出纸浆质量标准。对各种纸浆定出适当的质量标准，并建立质量检验制度。及时取样化验，在保证质量的前提下，避免打浆过度。

3. 提高成纸率

（1）要对造纸机进行全面检查。通过运行前的检查，确保各部位处于良好状态，以减少开空车时间。在运行中也要勤检查、勤调节，以免纸张厚薄不匀或起皱而成为次品或废品。

（2）掌握不同纸张对纸浆的要求。打浆能增加纤维的结合力、降低纤维的平均长度，从而可增加纸张的抗张、耐破和耐折强度，提高挺硬性和紧度。但与此同时，会降低纸的断裂强度和不透明性并增加纸的收缩性。因此，不同的纸张对纸浆的要求不同。如在造纸中发现纸浆质量不符合要求时，应及时通知打浆工序注意。

（3）在卷纸中纸张受到的拉力应适度。保持适度的拉力，可避免纸张起皱或发生断头。还要适当控制好压光辊的温度、压力以及纸张的含水量，以保证纸张的光滑度并避免断头。

4. 更新改造设备

（1）采用双圆盘磨精浆机。双圆盘磨精浆机主要由壳体、立轴、固定磨盘和转动磨盘组成。它有两个固定磨盘和一个在中间转动的、两面都有磨齿的转动磨盘。其优点是结构简单、生产能力大、占地小、投资少、操作维修方便、电耗低，它的功率有效利用率可达到 85% 左右。双圆盘磨适用于打低浓度精浆（长纤维浓度 3% ~ 5%，短纤维浓度约 5%），叩解度可达到 60° ~ 80°SR，最大多达 90°SR。它既可以单台使用，亦可串联使用。据测定，用双圆盘磨和精浆机混合串联打浆可比精浆机打浆节电 20% 左右。但由于双圆盘磨的刃口总长度较长，单位长度刃口所承受的负载低，切割性能差，在浆的浓度高时更差，因此，不适用于打原料浆及高浓度浆。

根据双圆盘磨的特点，较理想的打浆工艺流程如下：

水力碎浆机——疏解机——大锥度精浆机——双圆盘磨——成浆池。

疏通机可使浆料易于被切割，并可提高叩解度，大锥度精浆机主要用于切割，它的效率较高（功率有效利用率约 74%）。和双圆盘磨配合使用，利用各自的特长，进一步降低打浆电耗。

（2）用旋翼筛筛选纸浆。旋翼筛是一种密闭立式压力外流圆筛，具有生产能力大、动力消耗少、筛选效率高、操作维护方便、占地面积小等优点。它既可用于精选设备，亦可作为制浆中的筛选设备。如以旋翼筛代替内流式筛浆机，筛选效率大约可提高 30%。

（3）提高辅助生产设备的机械效率。各种水泵、浆料泵、真空泵、空压机、风机的用电约占生产总用电量的 30%。对这些设备的机械效率应进行测定、分析并设法提高。例如过去多使用水环式真空泵，它的效率低、电耗大，如改用罗茨真空泵，则可节电 50% 以上，而且还有体积小、寿命长、噪声低等优点。

5. 充分利用白水

白水就是纸浆上网后从浆中分离出来的含有纤维和填料的水，水呈白色。充分利用白水，对回收纤维及填料、节约用水和节约用电都有很大意义。

为加速白水中纤维和填料的沉淀，以便回收利用，可以在适当的地点添加化学絮凝剂。例如，加入（2 ~ 5）× 10^{-6}（2% ~ 5%）的聚丙烯酰胺（pH 值为 7.0），可使沉降速度加快一倍以上，同时对提高纸张的强度亦有利。

小 结

本单元主要介绍了典型行业的基本生产流程以及用电特点和主要的节电措施，为企业节约用电，提高经济效益提供理论依据。

（1）电炉炼钢生产需经装料、熔化、氧化、还原等过程。电炉炼钢用电的显著特点是负荷大，要求不间断供电，且用电负荷波动大而频繁，主要电能消耗在熔化期，因此，节电的关键是缩短冶炼时间。主要节电措施有：①加强炉料管理、合理装料；②改进炼钢工艺，采用高功率炼钢；③根据冶炼工艺的不同要求合理配电；④进行节电技术改造，降低用电设备损耗；⑤用磁镜直流炉。

（2）电解铝是用氧化铝熔体为电解质，在阴极上得到液态金属铝，经净化处理后铸成铝锭。用电特点是生产用电量大，负荷稳定，要求电源可靠性高。主要节电措施是降低电解槽的平均电压，提高电流效率。

（3）煤炭生产是由排水、通风、压风、提升和运输五大系统组成。用电特点是要求不间断连续供电，其节电的重点在各个生产系统，不同系统采用不同的节电措施。

（4）合成氨的生产过程因原料、设备的不同而有所差异，常用的有碳酸氢铵流程、碳化氨水流程，高压水洗流程。各生产流程中锅炉、造气、脱硫、变换、压缩、水洗、铜洗、合成等工序基本相同。用电的特点是连续强、负荷稳定。主要节电措施有：①加强生产管理中的查核工作；②加强生产调度；③改革工艺回收放空气体；④加强设备维修。

（5）棉纱的生产是将原棉经清花、梳棉、并条、粗纺、精纺制成棉纱；棉布的工艺流程是将棉纱经络经、络纬、整经、浆纱、织布制成成品布，再经过整理、打包后即可送印染或销售。其用电特点是机械设备多、单台容量小、总量大、用电负荷均衡、日负荷率较高。主要节电措施是减小摩擦及传动损耗。

（6）水泥生产过程主要是"两磨一烧"，即生料球磨、熟料球磨和生料煅烧。用电特点是大型设备多，主要耗电设备是两磨一窑。主要节电措施有：①合理选配研磨体，降低球磨机用电消耗；②发展干法生产；③发展一机多用联合机组；④合理选择电气设备，实现机电匹配。

（7）机制纸的生产由备料，蒸煮、洗涤、筛选、漂白、打浆、造纸等工序组成。用电特点是日负荷率较高，用电量最大的是打浆和造纸工序。临时停电只会影响产量而不影响人身设备的安全。主要节电措施有：①提高备料和蒸煮质量；②改进打浆操作；③提高成纸率；④更新、改造设备；⑤充分利用白水。

习 题

8-1 电炉炼钢生产要经过哪些过程？各个过程的主要任务是什么？

8-2 电炉炼钢生产中有哪些主要的节电措施？

8-3 简述电解铝的生产过程。

8-4 什么是电流效率和直流电耗？

8-5 电解铝有哪些主要的节电措施？

8-6 煤炭生产由哪些系统组成？

8-7 矿山中用电负荷是如何分类的？

8-8 为什么要对井下进行通风、排水和压气？

8-9 合成氨的基本生产流程有哪些？各工序的主要作用是什么？

8-10 为什么合成氨生产过程中要求不间断供电？

8-11 棉纱、棉布生产各要经历哪些工序？

8-12 什么是棉纱的支数和号数？

8-13 试述水泥生产的基本过程。

8-14 如何提高球磨机的粉磨效率？

8-15 如何进行球磨机研磨体的级配？

8-16 何为一机多用联合机组？采用一机多用联合机组有何作用？

8-17 造纸生产有哪些主要工序？用电量最大的主要是哪些工序？

8-18 什么是制浆？制浆的方法有哪几种？

8-19 简述造纸生产主要的节电措施。

供用电监督管理

内容提要

本单元主要介绍了供用电监督管理的内容以及时进网作业电工的管理要求。

课题一 供用电监督管理

教学要求

了解供用电监督管理内容、依据、目的和国家有关规定。

一、供用电管理的依据和目的

为了加强电力供应与使用的监督管理，《供用电监督管理办法》明确提出，从事供用电监督管理的机构和人员要以电力法律和行政法规以及技术标准为准则，必须以事实为依据，做好供用电监督管理工作。实行电力监督检查的目的是为了实行行政管理职能，督促被管理对象自觉遵守法律、行政法规，正当行使权利和适当履行义务。

二、供用电监督检查的内容和监督管理的主要职责

县以上电力管理部门负责本行政区域内供电、用电的监督工作。但上级电力管理部门如认为工作必需，可指派供用电监督人员直接进行监督检查。

监督检查范围十分广泛，它涉及电力开发、建设、生产、供应、使用、保护、管理等方面，即电力法律、行政法规规定的内容，都是监督检查的范围。

供用电监督管理的主要职责：

1）宣传、普及电力法律和行政法规知识。

2）监督电力法律、行政法规和电力技术标准的执行。

3）监督国家有关电力供应与使用的政策、方针的执行。

4）负责月用电计划审核和批准工作。

5）协调处理供用电纠纷，依法保护电力投资者、供应者与使用者的合法权益。

6）负责进网作业电工和承装（修、试）单位资格审查，并核发许可证。

7）协助司法机关查处电力供应与使用中发生的治安、刑事案件。

8）依法查处电力违法行为，并作出行政处罚。

三、供用电监督管理人员应具备的条件

各级电力管理部门应依法配备供用电监督管理人员。担任供用电监督管理工作的人员必须是经过国家考试合格，并取得相应任聘资格证书的人员。

供用电监督资格由个人提出书面申请，经申请人所在单位同意，县以上电力管理部门推荐，接受专门知识和技能的培训，参加全国统一组织的考试，合格后发给《供用电监督资格证》。

申请供用电监督资格者应具备下列条件：

1）作风正派，办事公道，廉洁奉公。

2）具有电气专业中专以上或相当学历的文化程度。

3）有三年以上从事供用电专业工作的实际经验和相应的管理能力。

4）经过法律知识培训，熟悉电力方面的法律、行政法规和电力技术的标准以及供用电管理规章。

省级电力管理部门负责本行政区域内的供用电监督管理人员的资格申请、审查和专门知识及技能的培训工作。

国务院电力管理部门负责供用电监督资格的全国统一考试，并对合格者颁发《供用电监督资格证》。《供用电监督资格证》由国务院电力管理部门统一制作。

县以上电力管理部门必须从取得《供用电监督资格证》的人员中，择优聘用供用电监督人员，报经省电力管理部门批准，并取得《供用电监督证》后，方能从事电力监督管理工作。《供用电监督证》由国务院电力管理部门统一制作。

四、供用电监督管理的有关国家规定

根据《供用电监督管理办法》规定，各级电力管理部门应依法配备供用电监督管理人员。担任供用电监督管理工作的人员必须是经过国家考试合格，并取得相应聘任资格证书的人员。

县以上电力管理部门负责本行政区域内供电、用电的监督工作。但上级电力管理部门如认为工作必需，可指派供用电监督人员直接进行监督检查。

《供用电监督管理办法》中规定：

各级电力管理部门负责本行政区域内发生的电力违法行为查处工作。上级电力管理部门认为必要时，可直接查处下级电力管理部门管辖的电力违法行为，也可将自己查处的电力违法事件交由下级电力管理部门查处。对电力违法行为情节复杂，需由上一级电力管理部门查处的，下级电力管理部门可报请上一级电力管理部门查处。

电力管理部门对下列电力违法事件，应当受理：

1）用户或群众举报的；

2）供电企业提请处理的；

3）上级电力管理部门交办的；

4）其他部门移送的。

电力管理部门对受理的电力违法事件，可视电力违法事件的性质和危及电网安全运行的紧迫程度，依法在现场查处，或立案处理。

电力违法行为，可用书面和口头方式举报。

电力管理部门发现受理的举报事件不属于本部门查处的，应及时向举报人说明，同时将举报信函或笔录移送有权处理的部门。对明显的治安违法行为或刑事违法行为，电力管理部门应主动协助公安、司法机关查处。

课题二 进网作业电工管理

教学要求

了解进网作业电工管理的要求、原则。

省（市）电力部门应定期对电工进行进网作业培训、考核、签发证工作。各级供用电监督管理部门要严肃认真地行使监督权力，在抓好电工统一培训考核工作的同时，要做好《电工进网作业许可证》的监督管理。用户电工必须持有电力部门颁发的进网作业许可证，方可从事电工岗位工作。

对取得《电工进网作业许可证》者，电力部门还需进行复审，复审不合格者，应重新接受培训考核。

电力部门对进网作业电工应建立管理档案。

对严重违反电业规程和操作规定以及重大事故责任者应予吊销其进网作业许可证。

小 结

本单元主要说明了供用电监督管理的依据、目的和供用电监督检查的内容和监督管理的主要职责、供用电监督管理人员应具备的条件及有关国家规定，介绍了对进网作业电工的管理要求。

习 题

9-1 供用电监督管理的依据和目的是什么？

9-2 供用电监督检查的内容和范围是什么？

9-3 供用电监督管理的主要职责有哪些？

9-4 申请供用电监督资格者应具备哪些条件？

9-5 国家对电力管理部门配备供用电监督人员有什么规定？

附录 1 各类用电负荷的需要系数及功率因数

附表 1-1　　　　　　一般工厂（全厂）需要系数及功率因数

工 厂 类 别	需要系数 K_x		功 率 因 数 $\cos\varphi$	
	变动范围	建议采用	变动范围	建议采用
汽轮机制造厂	0.38~0.49	0.38	—	0.88
锅炉制造厂	0.26~0.33	0.27	0.73~0.75	0.75
柴油机制造厂	0.32~0.34	0.32	0.74~0.84	0.74
重型机械制造厂	0.25~0.47	0.35	—	0.79
机床制造厂	0.13~0.30	0.20	—	0.65
重型机床制造厂	0.32	0.32	—	0.71
工具制造厂	0.34~0.35	0.34	—	0.65
仪器仪表制造厂	0.31~0.42	0.37	0.80~0.82	0.81
滚珠轴承制造厂	0.24~0.34	0.28	—	0.70
量具刃具制造厂	0.26~0.35	0.26	—	0.60
石油机械制造厂	0.45~0.50	0.45	—	0.78
电器开关制造厂	0.30~0.60	0.35	—	0.75
阀门制造厂	0.38	0.38	—	—
铸管厂	—	0.50	—	0.78
通用机器厂	0.34~0.43	0.40	—	—
小型造船厂	0.32~0.50	0.33	0.60~0.80	0.70
中型造船厂	0.35~0.45	有电炉时取高值	0.78~0.80	有电炉时取高值
大型造船厂	0.35~0.40	有电炉时取高值	0.70~0.80	有电炉时取高值
有色冶金企业	0.60~0.70	0.65	—	—

附表 1-2　　　　　　各种车间（全车间）需要系数及功率因数

车 间 名 称	需要系数 K_x	功率因数 $\cos\varphi$	车 间 名 称	需要系数 K_x	功率因数 $\cos\varphi$
	变动范围	变动范围		变动范围	变动范围
铸钢车间（不包括电炉）	0.30~0.40	0.65	废钢铁处理车间	0.45	0.68
铸铁车间	0.35~0.40	0.70	电镀车间	0.40~0.62	0.85
锻压车间（不包括高压水泵）	0.20~0.30	0.55~0.65	中央实验室	0.40~0.60	0.60~0.80
热处理车间	0.40~0.60	0.65~0.70	充电站	0.60~0.70	0.80
焊接车间	0.25~0.30	0.45~0.50	煤气站	0.50~0.70	0.65
金工车间	0.20~0.30	0.55~0.65	氧气站	0.75~0.85	0.80
木工车间	0.28~0.35	0.60	冷冻站	0.70	0.75
工具车间	0.30	0.65	水泵站	0.50~0.65	0.80
修理车间	0.20~0.25	0.65	锅炉房	0.65~0.75	0.80
落锤车间	0.20	0.65	压缩空气站	0.70~0.85	0.75

用电设备组需要系数及功率因数

用 电 设 备 组 名 称		需要系数 K_x	功率因数 $\cos\varphi$	$\operatorname{tg}\varphi$
单独传动的 金属加工机床	(1) 冷加工车间	0.14 ~ 0.16	0.50	1.73
	(2) 热加工车间	0.20 ~ 0.25	0.55 ~ 0.60	1.52 ~ 1.23
压床、锻锤、剪床及其他锻工机械		0.25	0.60	1.33
连续运输机械	(1) 连锁的	0.65	0.75	0.88
	(2) 非连锁的	0.60	0.75	0.88
轧钢车间反复短时工作制的机械		0.30 ~ 0.40	0.50 ~ 0.60	1.73 ~ 1.33
通风机	(1) 生产用	0.75 ~ 0.85	0.80 ~ 0.85	0.75 ~ 0.62
	(2) 卫生用	0.65 ~ 0.70	0.80	0.75
泵、活塞式压缩机、鼓风机、电动发电机、排风机		0.75 ~ 0.85	0.80	0.75
汽轮机压缩机和汽轮机鼓风机		0.85	0.85	0.75
破碎机、筛选机、碾砂机		0.75 ~ 0.80	0.80	0.75
磨碎机		0.80 ~ 0.85	0.80 ~ 0.85	0.75 ~ 0.62
铸铁车间选型机		0.70	0.75	0.88
凝结器、分级器、搅拌器		0.75	0.75	0.89
水银正流机组 （在变压器一次侧）	(1) 电解车间用	0.90 ~ 0.95	0.82 ~ 0.90	0.70 ~ 0.48
	(2) 起重机负荷	0.30 ~ 0.50	0.87 ~ 0.90	0.57 ~ 0.48
	(3) 电气牵引用	0.40 ~ 0.50	0.92 ~ 0.90	0.43 ~ 0.36
感应电炉 （不带功率因数补偿装置）	(1) 高频	0.80	0.10	10.05
	(2) 低频	0.80	0.35	2.67
电阻炉	(1) 自动装料	0.70 ~ 0.80	0.98	0.20
	(2) 非自动装料	0.60 ~ 0.70	0.98	0.20
小容量试验设备 和试验台	(1) 带电动发电机组	0.15 ~ 0.40	0.70	1.02
	(2) 带试验变压器	0.10 ~ 0.25	0.20	4.91
起重机	(1) 锅炉房、修理、金工装配	0.05 ~ 0.15	0.50	1.73
	(2) 铸铁车间、平炉车间	0.15 ~ 0.30	0.50	1.73
	(3) 轧钢车间脱锭工段	0.25 ~ 0.35	0.50	1.73
电焊机	(1) 点焊与缝焊用	0.35	0.60	1.33
	(2) 对焊用	0.35	0.70	1.02
电焊变压器	(1) 自动焊接用	0.50	0.40	2.29
	(2) 单头手动焊接用	0.35	0.35	2.68
	(3) 多头手动焊接用	0.40	0.35	2.68
焊接用 电动发电机组	(1) 单头焊接用	0.35	0.60	1.33
	(2) 多头焊接用	0.70	0.75	0.80
电弧炼钢炉变压器		0.90	0.87	0.57
煤气电气滤清机组		0.80	0.78	0.80
照 明	(1) 生产厂房	0.80 ~ 1.0	1.0	
	(2) 办公室	0.70 ~ 0.80	1.0	
	(3) 生活区	0.60 ~ 0.80	1.0	
	(4) 仓库	0.50 ~ 0.70	1.0	
	(5) 户外照明	1.0	1.0	
	(6) 事故照明	1.0	1.0	
	(7) 照明分支线	1.0	1.0	

附录2 中华人民共和国第一机械工业部标准
变压器额定损耗

附表 2-1　　6、10kV 级 10～6300kVA 三相双绕组无载调压变压器额定损耗

额定容量 （kVA）	损　耗　（W）				额定容量 （kVA）	损　耗　（W）			
	空　载		短　路			空　载		短　路	
	Ⅰ	Ⅱ	Ⅰ	Ⅱ		Ⅰ	Ⅱ	Ⅰ	Ⅱ
10	105	115	350	360	400	1500	1750	6300	6700
20	180	200	590	600	500	1780	2050	7700	8200
30	240	270	810	850	630	2160	2450	9200	10000
40	290	320	990	1050	800	2700	3100	11200	12000
50	350	380	1200	1260	1000	3250	3700	13700	14500
63	390	450	1420	1500	1250	3800	4350	16200	17500
80	470	530	1700	1800	1600	4600	5300	19000	20500
100	540	620	2100	2250	2000	5300	6300	22500	24500
125	650	740	2500	2700	2500	6400	7400	26400	28500
160	770	870	3000	3300	2150	7700	8700	31000	33500
200	900	1000	3600	3900	4000	9000	10400	36500	39500
250	1060	1200	4300	4600	5000	10800	12500	44000	47500
315	1260	1450	5200	5600	6300	12600	14800	52000	56000

注　表中，组Ⅰ为冷轧硅钢片数据，组Ⅱ为热轧硅钢片数据。

附表 2-2　　35kV 级、50～31500kVA 三相双绕组无载调压变压器额定损耗

额定容量 （kVA）	损　耗　（W）				额定容量 （kVA）	损　耗　（W）			
	空　载		短　路			空　载		短　路	
	Ⅰ	Ⅱ	Ⅰ	Ⅱ		Ⅰ	Ⅱ	Ⅰ	Ⅱ
50	450	450	1200	1300	2000	5800	6800	22500	24500
100	650	720	2500	2600	2500	6800	8000	26400	28500
125	760	860	3000	3100	3150	8000	9400	31000	33500
160	920	1020	3600	3800	4000	9500	11300	36500	39500
200	1080	1200	4200	4400	5000	11200	13800	44000	47500
250	1250	1400	4950	5200	6300	13200	15900	52000	56000
315	1500	1700	5900	6200	8000	15100	18700	62000	67000
400	1780	2000	7000	7400	10000	17800	22300	73000	79000
500	2050	2400	8200	8700	12500	21000	26500	88000	95000
630	2450	2800	9700	10400	16000	25000	31200	104000	112000
800	3100	3600	11500	12200	20000	29700	36600	122000	132000
1000	3600	4200	13700	14500	25000	34600	43500	145000	158000
1250	4200	4900	16200	17500	31500	42200	52000	170000	185000
1600	5050	5800	19000	20500					

注　表中，组Ⅰ为冷轧硅钢片数据，组Ⅱ为热轧硅钢片数据。

附表 2-3　　SL750～6300/6、10 系列（节能系列）无载调压变压器的额定损耗

额定容量 （kVA）	损　耗　（W）				额定容量 （kVA）	损　耗　（W）			
	空　载		短　路			空　载		短　路	
	Ⅰ	Ⅱ	Ⅰ	Ⅱ		Ⅰ	Ⅱ	Ⅰ	Ⅱ
50	190		1150		630	1300		8100	
(63)	220		1400		800	1500		9900	
80	270		1650		1000	1800		11600	
100	320		2000		1250	3200		13800	
125	370		2450		1600	2650		16500	
160	460		2850		2000	3100		19800	
200	540		3400		2500	3650		23000	
250	640		4000		3150	4400		27000	
315	760		4800		4000	5300		32000	
400	920		5800		5000	6400		36700	
500	1050		6900		6000	7500		41000	

注　表中，组Ⅰ为冷轧硅钢片数据，组Ⅱ为热轧硅钢片数据。括号中数字为不推荐规格。

附表 2-4　　SL750～31500/35 系列（节能系列）无载调压变压器的额定损耗

额定容量 （kVA）	损　耗　（W）				额定容量 （kVA）	损　耗　（W）			
	空　载		短　路			空　载		短　路	
	Ⅰ	Ⅱ	Ⅰ	Ⅱ		Ⅰ	Ⅱ	Ⅰ	Ⅱ
50	215		1150		2000	3400		19800	
100	370		2000		2500	4000		23000	
125	430		2450		3150	4750		27000	
160	520		2850		4000	5650		32000	
200	615		3400		5000	6750		36700	
250	730		4000		6300	8200		41000	
315	860		4800		8000	9800		50000	
400	1050		5800		10000	11500		59000	
500	1250		6900		12500	13500		70000	
630	1450		8100		16000	16000		86000	
800	1730		9900		20000	18700		103000	
1000	2050		11600		25000	21500		123000	
1250	2400		13800		31500	25500		147000	
16000	2900		16500						

注　表中，组Ⅰ为冷轧硅钢片数据，组Ⅱ为热轧硅钢片数据。

附表 2-5　　　**SLZ-200～1600/6.10 系列有载调压变压器的额定损耗**

额定容量 （kVA）	损　耗　（W）				额定容量 （kVA）	损　耗　（W）			
	空　载		短　路			空　载		短　路	
	I	II	I	II		I	II	I	II
200	540		3400		630	1400		8500	
250	640		4000		800	1660		10400	
315	760		4800		1000	1930		12180	
400	920		5800		1250	2350		14490	
500	1080		6900		1600	3000		17300	

注　表中，组 I 为冷轧硅钢片数据，组 II 为热轧硅钢片数据。

附表 2-6　　　**SLZ7-2000～12500/35 系列有载调压变压器的额定损耗**

额定容量 （kVA）	损　耗　（W）				额定容量 （kVA）	损　耗　（W）			
	空　载		短　路			空　载		短　路	
	I	II	I	II		I	II	I	II
2000	3600		20800		6300	8800		43000	
25000	4250		24150		8000	10500		52500	
31500	5050		28900		10000	12300		62000	
4000	6050		34100		12500	14500		73500	
5000	7250		40000						

注　表中，组 I 为冷轧硅钢片数据，组 II 为热轧硅钢片数据。

附表 2-7　　　**64 标准 10kV 三相双绕组变压器的额定损耗**

变压器型号	损　耗　（kW）		变压器型号	损　耗　（kW）	
	ΔP_M	ΔP_0		ΔP_M	ΔP_0
SJ-10	0.335	0.14	SJL1-160	2.9	0.50
SJ-20	0.6	0.22	SJL1-200	3.6	0.58
SJ-30	0.85	0.3	SJL1-250	4.1	0.68
SJ-50	1.325	0.44	SJL1-315	5.0	0.80
SJ-75	1.875	0.59	SJL1-400	6.0	0.94
SJ-100	2.4	0.73	SJL1-500	7.1	1.10
SJ-135	3.39	0.985	SJL1-630	8.4	1.30
SJ-180	4.0	1.2	SJL1-800	11.5	1.70
SJ-240	5.1	1.6	SJL-20	0.6	0.20
SJ-320	6.2	1.9	SJL-30	0.84	0.27
SJ-560	9.4	2.5	SJL-50	1.30	0.39
SJ-750	11.9	4.1	SJL-75	1.70	0.51
SJ-1000	15.0	4.9	SJL-100	2.25	0.65
SJL1-20	0.59	0.12	SJL-180	3.6	0.95
SJL1-30	0.83	0.16	SJL-240	4.5	1.28
SJL1-40	0.99	0.19	SJL-320	5.7	1.40
SJL1-50	1.15	0.225	SJL-420	7.05	1.70
SJL1-60	1.43	0.26	SJL-560	9.00	2.16
SJL1-80	1.70	0.31	SJL-750	11.5	3.35
SJL1-100	2.05	0.36	SJL-1000	14.0	4.10
SJL1-125	2.4	0.425			

64 标准 35kV 三相双绕组变压器的额定损耗

变压器型号	损 耗（kW）		变压器型号	损 耗（kW）	
	ΔP_M	ΔP_0		ΔP_M	ΔP_0
SJ-50	1.325	0.54	SJ-5600	52.000	15.50
SJ-100	2.400	0.90	SJ-7500	75.000	21.00
SJ-180	4.100	1.50	SJL-100	2.250	0.38
SJ-320	6.200	2.30	SJL-180	3.600	1.20
SJ-560	9.400	3.35	SJL-320	5.700	1.80
SJ-750	11.900	4.40	SJL-560	9.000	2.50
SJ-1000	15.000	5.10	SJL-750	11.500	3.75
SJ-1800	22.000	7.40	SJL-1000	14.000	4.50
SJ-2400	31.500	10.00	SJL-1800	22.000	6.60
SJ-3200	37.000	11.50	SJL-3200	34.000	9.70
SJ-4200	45.000	13.00	SJL-5600	53.000	14.00

附录 3 普通照明电光源性能参数表（参考值）

附表 3 　　　　　　　　**普通照明电光源性能参数表（参考值）**

光源类别	功率范围（W）	发光效率（lm/W）	色温范围（K）	显色指数（Ra）	平均寿期（h）	功率因数	镇流器功率损耗系数	启动时间	再启动时间
普通白炽灯	10～1000	10～15	2400～2950	95～99	800～1000	1.0	—	瞬时	瞬时
卤钨灯	500～2000	15～20	2970～3050	95～99	1000～1500	1.0	—	瞬时	瞬时
荧光高压汞灯	50～1000（外镇式）250～750（自镇式）	30～50（外镇式）22～30（自镇式）	5500（外镇式）4400（自镇式）	40～45	5000～7000	0.45～0.65	0.05～0.25	4～8min	5～10min（外镇式）3～6min（自镇式）
金属卤化物灯	400～1000	60～80	5000～6500	65～80	5000～7000	0.45（NTI）	0.14	4～8min	10～15min
氙灯	1000～50000	20～50	5500～6000	90～94	500～1000	—	—	瞬时	瞬时
高压钠灯	35～1000	60～100	2100	20～25	5000～10000	0.4（外镇式）	0.18（外镇式）	4～8min	10～15min
低压钠灯		100～150		差	5000～7000	0.6	0.20	7～10min	
荧光灯	4～100	20～60	3000～6500	50～80	3000～5000	电感式0.42～0.53电子式0.9～0.95	电感式（管型）0.2～0.27电子式0.05～0.1（管型）0.15～0.3（紧凑型）	1～4s瞬时	1～4s瞬时

附录4 电光源和镇流器替代节电率与寿期比（参考值）

附表 4　　　　　　**电光源和镇流器替代节电率与寿期比（参考值）**

项　　　　目	替　代　灯　具	平均节电率（%）	平均寿期比
白炽灯	粗管荧光灯＋电感镇流器	70	—
	紧凑型荧光灯（电子镇流器）	75	2.5
	带红外反射膜白炽灯	35	1
	卤钨灯	30	1.5
粗管荧光灯 （40W，ϕ38mm）	细管荧光灯（36W，ϕ26mm）	10	1.2
粗管荧光灯＋ 电感镇流器	粗管荧光灯＋电子镇流器	12	—
	细管荧光灯＋电感镇流器	8	—
	细管荧光灯＋电子镇流器	21	—
高压汞灯	高压钠灯	50	1.2
	低压钠灯	70	1
	金属卤化物灯	40	1
电感镇流器 （管型荧光灯）	电子镇流器（管型荧光灯）	75	—

附录5 电力供应与使用条例

（中华人民共和国国务院令第196号）

第一章 总 则

第一条 为了加强电力供应与使用的管理，保障供电、用电双方的合法权益，维护供电、用电秩序，安全、经济、合理地供电和用电，根据《中华人民共和国电力法》制定本条例。

第二条 在中华人民共和国境内，电力供应企业（以下称供电企业）和电力使用者（以下称用户）以及与电力供应、使用有关的单位和个人，必须遵守本条例。

第三条 国务院电力管理部门负责全国电力供应与使用的监督管理工作。

县级以上地方人民政府电力管理部门负责本行政区域内电力供应与使用的监督管理工作。

第四条 电网经营企业依法负责本供区内的电力供应与使用的业务工作，并接受电力管理部门的监督。

第五条 国家对电力供应和使用实行安全用电、节约用电、计划用电的管理原则。

供电企业和用户应当遵守国家有关规定，采取有效措施，做好安全用电、节约用电、计划用电工作。

第六条 供电企业和用户应当根据平等自愿、协商一致的原则签订供用电合同。

第七条 电力管理部门应当加强对供用电的监督管理，协调供用电各方关系，禁止危害供用电安全和非法侵占电能的行为。

第二章 供电营业区

第八条 供电企业在批准的供电营业区内向用户供电。

供电营业区的划分，应当考虑电网的结构和供电合理性等因素。一个供电营业区内只设立一个供电营业机构。

第九条 省、自治区、直辖市范围内的供电营业区的设立、变更，由供电企业提出申请，经省、自治区、直辖市人民政府电力管理部门会同同级有关部门审查批准后，由省、自治区、直辖市人民政府电力管理部门发给《供电营业许可证》。跨省、自治区、直辖市的供电营业区的设立、变更，由国务院电力管理部门审查批准并发给《供电营业许可证》。供电营业机构持《供电营业许可证》向工商行政管理部门申请领取营业执照，方可营业。

电网经营企业应当根据电网结构和供电合理性的原则协助电力管理部门划分供电营业区。

供电营业区的划分和管理办法，由国务院电力管理部门制定。

第十条　并网运行的电力生产企业按照并网协议运行后，送入电网的电力、电量由供电营业机构统一经销。

第十一条　用户用电容量超过其所在的供电营业区内供电企业供电能力的，由省级以上电力管理部门指定的其他供电企业供电。

第三章　供　电　设　施

第十二条　县级以上各级人民政府应当将城乡电网的建设与改造规划，纳入城市建设和乡村建设的总体规划。各级电力管理部门应当会同有关行政主管部门和电网经营企业做好城乡电网建设和改造的规划。供电企业应当按照规划做好供电设施建设和运行管理工作。

第十三条　地方各级人民政府应当按照城市建设和乡村建设的总体规划统筹安排城乡供电线路走廊、电缆通道、区域变电所、区域配电所和营业网点的用地。

供电企业可以按照国家有关规定在规划的线路走廊、电缆通道、区域变电所、区域配电所和营业网点的用地上，架线、敷设电缆和建设公用供电设施。

第十四条　公用路灯由乡、民族乡、镇人民政府或者县级以上地方人民政府有关部门负责建设，并负责运行维护和交付电费，也可以委托供电企业代为有偿设计、施工和维护管理。

第十五条　供电设施、受电设施的设计、施工、试验和运行，应当符合国家标准或者电力行业标准。

第十六条　供电企业和用户对供电设施、受电设施进行建设和维护时，作业区域内的有关单位和个人应当给予协助，提供方便；因作业对建筑物或者农作物造成损坏的，应当依照有关法律、行政法规的规定负责修复或者给予合理的补偿。

第十七条　公用供电设施建成投产后，由供电单位统一维护管理。经电力管理部门批准，供电企业可以使用、改造、扩建该供电设施。

共用供电设施的维护管理，由产权单位协商确定，产权单位可自行维护管理，也可以委托供电企业维护管理。

用户专用的供电设施建成投产后，由用户维护管理或者委托供电企业维护管理。

第十八条　因建设需要，必须对已建成的供电设施进行迁移、改造或者采取防护措施时，建设单位应当事先与该供电设施管理单位协商，所需工程费用由建设单位负担。

第四章　电　力　供　应

第十九条　用户受电端的供电质量应当符合国家标准或者电力行业标准。

第二十条　供电方式应当按照安全、可靠、经济、合理和便于管理的原则，由电力供应与使用双方根据国家有关规定以及电网规划、用电需求和当地供电条件等因素协商确定。

在公用供电设施未到达的地区，供电企业可以委托有供电能力的单位就近供电。非经供电企业委托，任何单位不得擅自向外供电。

第二十一条　因抢险救灾需要紧急供电时，供电企业必须尽速安排供电。所需工程费用和应付电费由有关地方人民政府有关部门从抢险救灾经费中支出，但是抗旱用电应当由用户交付电费。

第二十二条　用户对供电质量有特殊要求的，供电企业应当根据其必要性和电网的可能，提供相应的电力。

第二十三条　申请新装用电、临时用电、增加用电容量、变更用电和终止用电，均应当到当地供电企业办理手续，并按照国家有关规定交付费用；供电企业没有不予供电的合理理由的，应当供电。供电企业应当在其营业场所公告用电的程序、制度和收费标准。

第二十四条　供电企业应当按照国家标准或者电力行业标准参与用户受送电装置设计图纸的审核，对用户受送电装置隐蔽工程的施工过程实施监督，并在该受送电装置工程竣工后进行检验；检验合格的，方可投入使用。

第二十五条　供电企业应当按照国家有关规定实行分类电价、分时电价。

第二十六条　用户应当安装用电计量装置。用户使用的电力、电量，以计量检定机构依法认可的用电计量装置的记录为准。用电计量装置，应当安装在供电设施与受电设施的产权分界处。

安装在用户外的用电计量装置，由用户负责保护。

第二十七条　供电企业应当按照国家核准的电价和用电计量装置的记录，向用户计收电费。

用户应当按照国家批准的电价，并按照规定的期限、方式或者合同约定的办法，交付电费。

第二十八条　除本条例另有规定外，在发电、供电系统正常运行的情况下，供电企业应当连续向用户供电；因故需要停止供电时，应当按照下列要求事先通知用户或者进行公告：

（一）因供电设施计划检修需要停电时，供电企业应当提前7天通知用户或者进行公告；

（二）因供电设施临时检修需要停止供电时，供电企业应当提前24小时通知重要用户；

（三）因发电、供电系统发生故障需要停电、限电时，供电企业应当按照事先确定的限电序位进行停电或者限电。引起停电或者限电的原因消除后，供电企业应当尽快恢复供电。

第五章　电　力　使　用

第二十九条　县级以上人民政府电力管理部门应当遵照国家产业政策，按照统筹兼顾、保证重点、择优供应的原则，做好计划用电工作。

供电企业和用户应当制订节约用电计划，推广和采用节约用电的新技术、新工艺、新设备，降低电能消耗。

供电企业和用户应当采用先进技术、采取科学管理措施，安全供电、用电，避免发生事故，维护公共安全。

第三十条　用户不得有下列危害供电、用电安全，扰乱正常供电、用电秩序的行为：

（一）擅自改变用电类别；

（二）擅自超过合同约定的容量用电；

（三）擅自超过计划分配的用电指标；

（四）擅自使用已经在供电企业办理暂停使用手续的电力设备，或者擅自启用已经被供电企业查封的电力设备；

（五）擅自迁移、更动或者擅自操作供电企业的用电计量装置、电力负荷控制装置、供电设施以及约定由供电企业调度的用户受电设备；

（六）未经供电企业许可，擅自引入、供出电源或者将自备电源擅自并网。

第三十一条　禁止窃电行为。窃电行为包括：

（一）在供电企业的供电设施上，擅自接线用电；

（二）绕越供电企业的用电计量装置用电；

（三）伪造或者开启法定的或者授权的计量检定机构加封的用电计量装置封印用电；

（四）故意损坏供电企业用电计量装置；

（五）故意使供电企业的用电计量装置不准或者失效；

（六）采用其他方法窃电。

第六章　供用电合同

第三十二条　供电企业和用户应当在供电前根据用户需要和供电企业的供电能力签订供用电合同。

第三十三条　供用电合同应当具备以下条款：

（一）供电方式、供电质量和供电时间；

（二）用电容量和用电地址、用电性质；

（三）计量方式和电价、电费结算方式；

（四）供用电设施维护责任的划分；

（五）合同的有效期限；

（六）违约责任；

（七）双方共同认为应当约定的其他条款。

第三十四条　供电企业应当按照合同约定的数量、质量、时间、方式，合理调度和安全供电。

用户应当按照合同约定的数量、条件用电，交付电费和国家规定的其他费用。

第三十五条　供用电合同的变更或者解除，应当依照有关法律、行政法规和本条例的规定办理。

第七章　监督与管理

第三十六条　电力管理部门应当加强对供电、用电的监督和管理。供电、用电监督检查工作人员必须具备相应的条件。供电、用电监督检查工作人员执行公务时，应当出示证件。

供电、用电监督检查管理的具体办法，由国务院电力管理部门另行制定。

第三十七条　在用户受送电装置上作业的电工，必须经电力管理部门考核合格，取得电力管理部门颁发的《电工进网作业许可证》，方可上岗作业。

承装、承修、承试供电设施和受电设施的单位，必须经电力管理部门审核合格，取得电力管理部门颁发的《承装（修）电力设施许可证》后，方可向工商行政管理部门申请领取营业执照。

第八章　法律责任

第三十八条　违反本条例规定，有下列行为之一的，由电力管理部门责令改正，没收违法所得，可以并处违法所得5倍以下的罚款：

（一）未按照规定取得《供电营业许可证》，从事电力供应业务的；

（二）擅自伸入或者跨越供电营业区供电的；

（三）擅自向外转供电的。

第三十九条　违反本条例第二十七条规定，逾期未交付电费的，供电企业可以从逾期之日起，每日按照电费总额的千分之一至千分之三加收违约金，具体比例由供用电双方在供用电合同中约定；自逾期之日起计算超过30日，经催交仍未交付电费的，供电企业可以按照国家规定的程序停止供电。

第四十条　违反本条例第三十条规定，违章用电的，供电企业可以根据违章事实和造成的后果追缴电费，并按照国务院电力管理部门的规定加收电费和国家规定的其他费用；情节严重的，可以按照国家规定的程序停止供电。

第四十一条　违反本条例第三十一条规定，盗窃电能的，由电力管理部门责令停止违法行为，追缴电费并处应交电费5倍以下的罚款；构成犯罪的，依法追究刑事责任。

第四十二条　供电企业或者用户违反供用电合同，给对方造成损失的，应当依法承担赔偿责任。

第四十三条　因电力运行事故给用户或者第三人造成损害的，供电企业应当依法承担赔偿责任。

因用户或者第三人的过错给供电企业或者其他用户造成损害的，该用户或者第三人应当依法承担赔偿责任。

第四十四条 供电企业职工违反规章制度造成供电事故的，或者滥用职权、利用职务之便谋取私利的，依法给予行政处分；构成犯罪的，依法追究刑事责任。

第九章 附 则

第四十五条 本条例自 1996 年 9 月 1 日起施行。

附录6 供用电合同格式与示范文本

一、供用电合同格式

（一）供用电合同的组成

供用电合同由三部分组成：①合同首部；②合同正文；③合同尾部。基本格式大致如下：

1. 合同首部

合同首部主要由以下内容组成：

（1）合同名称；

（2）合同编号；

（3）订立合同双方当事人名称和地址；

（4）合同序言。

2. 合同正文

合同正文是合同的必备条款和协商条款具体内容的规定。必备条款是《供用电条例》规定所必须有的内容。协商条款是合同当事人共同认为需要规定的内容或一方当事人提出而另一方当事人也同意的内容。主要由以下内容组成：

（1）合同标的；

（2）供电方式；

（3）供电质量；

（4）供电时间；

（5）报装容量、供用电实际容量；

（6）用电地址、合同履行地点；

（7）用电性质；

（8）合同履行方式；

（9）电力计量方式；

（10）电价；

（11）电费及结算方式；

（12）合同的有效期限；

（13）双方当事人认为必须规定的内容；

（14）违约责任。

3. 合同尾部

合同尾部主要有以下内容组成：

（1）合同效力；

（2）合同正本、附本份数；

（3）合同附件及合同生效终止期限；

（4）当事人签名盖章；

（5）合同签署时间、地点。

（二）供用电合同的文字要求

供用电合同，是一种法律行为，具有法律效力。所以文字上应当严格。

合同表述要与当事人双方的合意相一致，使用的文字要明白易懂，不能用含混不清、模棱两可、词不达意的言词，也不能使用形容、夸张、渲染、描绘的手法，在语言文字上必须尽量做到准确、精密、言简意赅，力戒啰唆，所用文字概念只能有一种解释，不能因为语词表达不明确而引起误解或歧义，以免发生误解。另外，要注意文名通顺，词语搭配适当，要防止错别字、漏字、标点符号的使用不当造成疑义，或影响合同的根本解释。

书写合同文书，除了要注意文字修辞以外，还要注意文字表述的逻辑性。合同中所使用的语言，应是逻辑、语法、修辞三者的完美结合。所以，合同文书所采用的概念和命题都要准确，防止概念模糊或产生歧义，语句表达不能自相矛盾，尽量不使用交叉概念，以免在履行合同时发生错误，出现不必要的争执和纠纷。合同各项条款结构要尽量严谨，使用的各种词组、概念内涵和外延要明确，不能因逻辑错误使合同条款产生歧义。

二、供用电合同示范文本❶

合同编号：_____

高 压 供 用 电 合 同

供电方   用电方

单位名称：   单位名称：

法定地址：   法定地址：

法定代表（负责）人：   法定代表（负责）人：

授权代理人：   授权代理人：

电　话：   电　话：

电　传：   电　传：

邮　编：   邮　编：

开户银行：   开户银行：

账　号：   账　号：

税务登记号：   税务登记号：

---

❶ 原电力工业部 1997 年 10 月于《合同法》颁布之前制定。

为明确供电企业（以下简称供电方）和用电单位（以下简称用电方）在电力供应与使用中的权利和义务，安全、经济、合理、有序地供电和用电，根据《中华人民共和国电力法》《电力供应与使用条例》和《供电营业规则》的规定，经供电方、用电方协商一致，签订本合同，共同信守，严格履行。

（一）用电地址、用电性质和用电容量

1. 用电地址：_____。

2. 用电性质

（1）行业分类：_____。

（2）用电分类：_____。

（3）负荷性质：_____（重要负荷/一般负荷）。

（4）生产班次：_____，周休日_____。

3. 用电容量

根据用电方的申请，供电方认定用电方共有_____个受电点。受电设备的总容量为_____kVA。保安容量_____kVA，自备发电容量_____kW。其中：

_____受电点受电变压器_____台，共计_____kVA，（多台变压器时）运行方式为_____。

_____受电点受电高压电机_____台，共计_____kW（kVA），运行方式为_____。

（二）供电方式

1. 供电方向用电方提供三相交流 50Hz 电源，采用_____（单/双/多）电源，_____（单/双/多）回路向用电方供电。

2. 主供电源

（1）供电方由_____变（配）电站（所）以_____kV 电压，经出口_____开关送出的_____（架空线/电缆）专线向用电方_____受电点供电。供电容量为_____kVA（kW）。

（2）供电方以_____kV 电压，从_____线路经_____杆，向用电方_____受电点供电。供电容量为_____kVA（kW）。

（3）供电方由_____发电厂以_____kV 电压母线，经出口_____开关向用电方_____受电点直配供电。供电容量为_____kVA（kW）。

3. 备用电源

（1）供电方由_____变（配）电站（所）以_____kV 电压，经出口_____开关送出的_____（架空线/电缆）专线向用电方_____受电点供电，作为用电方生产备用电源。供电容量为_____kVA（kW）。

（2）供电方以_____kV 电压，从_____线路经_____杆，向用电方_____受电点供电，作为生产备用电源。供电容量为_____kVA（kW）。

4. 保安电源

（1）供电方以_____kV_____（专用/公用）线路作为用电方保安电源。保安容量为_____ kVA，最小保安电力为_____ kW。

（2）用电方采取下列电或非电的保安措施，防止电网意外断电对安全产生影响：

1）自备发电机_____ kW，安装地点_____，或采用不间断电源（UPS）_____ VA，安装地点_____。

2）非电保安措施是_____。

5. 未经供电方同意，用电方不得自行向第三方转供电力。经供电方委托，用电方同意由其_____变电站（线路）向_____单位转供电。转供用电容量_____ kVA，转供用电电力_____ kW。有关转供电事宜，由供电方、转供电方及被转供电方另行签订转供电协议。

6. 具体供电接线方式见附图《供电接线及产权分界示意图》。

（三）供电质量

1. 在电力系统正常状况下，供电方按《供电营业规则》规定的电能质量标准向用电方供电。

2. 用电方用电时的功率因数和谐波源负荷、冲击负荷、波动负荷、非对称负荷等产生的干扰与影响应符号国家标准，否则供电方无义务保证规定的电能质量。

3. 在电力系统正常运行的情况下，供电方应向用电方连续供电。但为了保障电力系统的公共安全和维护正常供用电秩序，供电方依法按规定事先通知的停电，用电方应当予以配合。

（四）用电计量

1. 供电方按国家规定，在用电方每个受电点安装用电计量装置。用电计量装置的记录作为向用电方计算电费的依据。

2. 用电计量方式采用：_____（高压侧计量/低压侧计量）。

3. 用电计量装置分别装设在：

1）_____。

2）_____。

3）_____。

4. 用电计量装置主要参数如附表6-1：

附表 6-1　　　　　　　　　　　用电计量装置主要参数表

计 量 设 备 名 称	型 号 规 格	精 度	计 算 倍 率

5. 用电计量装置安装位置与产权分界处不对应时，线路与变压器损耗由产权所有者负担。每月_____（增加/减少）线损电量应分摊到各类用电量中再分别计算电费。

6. 用电方未按电价分类分别配电时，供电方对难以装表计量的_____用电量，约定按每月_____ kWh 计算，或按每月总用电量的_____% 计算，其中，居民生活用电占照明用电量的_____%。随用电构成比例和数量的变化，供电方每年至少对其核定一次，用电方应当予以配合。

（五）无功补偿及功率因数

1. 用电方装设无功补偿装置总容量_____ kvar。

其中：电容器_____ kvar，调相机_____ kvar。

2. 用电方功率因数在用电高峰时应达到_____。

3. 供电方在用电方_____处装设反向无功电能表（或双向无功表）。用电方应按无功补偿就地平衡原则，合理装设和投切无功补偿装置。用电方送入供电方的无功电量视为吸收供电方的无功电量计算月平均功率因数。

（六）电价及电费结算方式

1. 计价依据与方式

（1）供电方按照有管理权的物价主管部门批准的电价和用电计量装置的记录，向用电方定期结算电费及随电量征收的有关费用。在合同有效期内，发生电价和其他收费项目费率调整时，按调价文件规定执行。

（2）用电方的电费结算执行_____制电价及功率因数调整电费办法。

基本电费按_____（变压器容量/最大需量）计算。变压器容量为：_____ kVA。

功率因数调整电费考核标准为_____。

按国家规定，供电方对用电方应执行_____（分时电价）。

2. 电费结算方式

（1）供电方应按规定日期抄表，按期向用电方收取电费。

（2）用电方应在供电方规定的期限内全额交清电费。交付电费的方式为：

1）用电方直接向供电企业交付电费，每月分_____次交付。即每月_____日，预付_____%；_____日，预付_____%；_____日，预付_____%；_____日，预付_____%；_____日，预付_____%；并于_____日多退少补结清全部电费。

2）供电方委托_____银行向用电方_____（划拨/收取）电费。每月分_____次_____（划拨/收取）。即每月_____日，划拨_____%；_____日，划拨_____%；_____日，划拨_____%；_____日，划拨_____%；_____日，划拨_____%；并于_____日多退少补结清全部电费。

3）_____。

3. 用电方不得以任何方式、任何理由拒付电费。用电方对用电计量、电费有异议时，应先交清电费，然后双方协商解决。协商不成时，可请求电力管理部门调解。调解不成时，双方可选择申请仲裁或提起诉讼其中一种方式解决。

4. 根据需要，供电方、用电方可另行签订电费结算协议。

（七）调度通信

1. 供电方、用电方均应执行《电网调度管理条例》的有关规定。双方约定，用电方_____设备由供电方调度，具体调度事宜由供电方、用电方另行签订电力调度协议。

2. 双方约定以下列方式保持相互之间通信联系：

供电方采用：_____。

用电方采用：_____。

（八）供电设施维护管理责任

1. 经供电方、用电方双方协商确认，供电设施运行维护管理责任分界点设在_____处。_____属于_____。分界点电源侧供电设施属供电方，由供电方负责运行维护管理。分界点负荷侧供电设施属用电方，由用电方负责运行维护管理。

2. 用电方受电总开关继电保护装置应由供电方整定、加封，用电方不得擅自更动。

3. 供电方、用电方分管的供电设施，除另有约定者外，未经对方同意，不得操作或更动。如遇紧急情况（当危及电网和用电安全，或可能造成人身伤亡或设备损坏）而必须操作时，事后应在 24 小时内通知对方。

4. 在用电方受电装置内安装的用电计量装置及电力负荷管理装置由供电方维护管理，用电方负责保护并监视其正常运行。如有异常，用电方应及时通知供电方。

5. 在供电设施上发生的法律责任以供电设施运行维护管理责任分界点为基准划分。供电方、用电方应做好各自分管的供电设施的运行维护管理工作，并依法承担相应的责任。

（九）约定事项

1. 按国家规定，供电方应在用电方安装电力负荷管理装置，用电方应当予以配合。

2. 为保证供电、用电的安全，供电方将定期或不定期对用电方的用电情况进行检查，用电方应当予以配合。用电检查人员在执行查电任务时，应向用电方出示《用电检查证》，用电方应派员随同并配合检查。

3. 用电方应按期进行季节性安全检查和电气设备预防性试验，发现问题及时处理。发生重大设备及人身事故时，应及时向供电方用电检查部门报告。供电方应参与事故的分析并协助用电方制订防范措施。

4. 用电方在受电装置上作业的电工，必须持有电力管理部门颁发的《电工进网作业许可证》，方准上岗作业。

5. 用电方对受电装置一次设备和保护控制装置进行改造或扩建时，应到供电方办理手续，并经供电方审核同意后方可实施。

6. 用电方的自备发电机组应报供电方备案，需要并网运行的，必须经供电方、用电方签订协议后，方可并网运行。

7. _____。

8. _____。

（十）违约责任

1. 供电方违约责任

（1）供电方的电力运行事故，给用电方造成损害的，供电方应按《供电营业规则》第九十五条有关规定承担赔偿责任。

但对有下列情况之一的，供电方不承担赔偿责任：

1）因电力运行事故引起开关跳闸，经自动重合闸装置重合成功的；

2）有自备电源和非电保安措施的；

3）多电源供电只停其中一路电源，而其他电源仍可满足保安需要的。

（2）供电方未能依法按规定的程序事先通知用电方停电，给用电方造成损失的，供电方应按《供电营业规则》第九十五条第1项承担赔偿责任。

（3）供电方责任引起电能质量超出标准规定，给用电方造成损失的，供电方应按《供电营业规则》第九十六条、九十七条有关规定承担赔偿责任。

2. 用电方违约责任

（1）由于用电方的责任造成供电方对外停电，用电方应按《供电营业规则》第九十五条有关规定承担赔偿责任。但不承担因供电方责任使事故扩大部分的赔偿责任。

（2）由于用电方的责任造成电能质量不符合标准时，对自身造成的损害，由用电方自行承担责任；对供电方和其他用户造成损害的，用电方应承担相应的损害赔偿责任。

（3）用电方不按期交清电费的，应承担电费滞纳的违约责任。电费违约金从逾期之日起计算至交纳日止，电费违约金按下列规定计算：

1）当年欠费部分，每日按欠费总额的千分之二计算；

2）跨年度欠费部分，每日按欠费总额的千分之三计算。

经供电方催交，用电方仍未付清电费的，供电方可依法按规定的程序停止部分或全部供电，并追收所欠电费和电费违约金。

3. 其他违约责任按《供电营业规则》相关条款处理

（十一）争议的解决方式

供电方、用电方因履行本合同发生争议时，应依本合同之原则协商解决。协商不成时，双方共同提请电力管理部门行政调解。调解不成时，双方可选择申请仲裁或提起诉讼其中一种方式解决。

（十二）供电时间

本合同签约，且用电方新建改建的受电装置经供电方检验合格后，供电方即依本合同向用电方供电。

（十三）本合同效力及未尽事宜

1. 本合同未尽事宜，按《电力供应与使用条例》《供电营业规则》等有关法律、规章的规定办理。如遇国家法律、政策调整修改时，则按规定修改、补充本合同有关条款。

2. 本合同有效期自＿＿＿＿年＿＿月＿＿日起至＿＿＿＿年＿＿月＿＿日止。

3. 供电方、用电方任何一方欲修改、变更、解除合同时，按《供电营业规则》第九十四条办理。在修改、变更、解除合同的书面协议签订前，本合同继续有效。

4. 本合同自供电方、用电方签字，并加盖公章后生效。

5. 本合同正本一式＿＿＿份。供电方、用电方各执＿＿＿份，效力均等。副本一式＿＿＿

份，供电方、用电方各执＿＿份。

6. 本合同附件包括：

(1) ＿＿＿＿＿＿＿＿＿＿＿。

(2) ＿＿＿＿＿＿＿＿＿＿＿。

(3) ＿＿＿＿＿＿＿＿＿＿＿。

(4) ＿＿＿＿＿＿＿＿＿＿＿。

上述附件为本合同不可分割的组成部分。

供电方：（盖章）   用电方：（盖章）

签约人：（签名　盖章）   签约人：（签名　盖章）

签约时间：＿＿＿年＿月＿日   签约时间：＿＿＿年＿月＿日

附图 6-1   供电接线及产权分界示意图

低 压 供 用 电 合 同

供电方	用电方
单位名称：	单位名称：
法定地址：	法定地址：
法定代表（负责）人：	法定代表（负责）人：
授权代理人：	授权代理人：
电话：	电话：
电传：	电传：
邮编：	邮编：
开户银行：	开户银行：
账号：	账号：
税务登记号：	税务登记号：

为明确供电企业（以下简称供电方）和用电单位（以下简称用电方）在电力供应与使用中的权利和义务，安全、经济、合理、有序地供电和用电，根据《中华人民共和国电力法》《电力供应与使用条例》和《供电营业规则》的规定，经供电方、用电方协商一致，签订本合同，共同信守，严格履行。

（一）用电地址、用电性质和用电容量

1. 用电地址：＿＿＿＿＿＿＿＿＿。

2. 用电性质

（1）行业分类：＿＿＿＿＿＿＿。

（2）用电分类：＿＿＿＿＿＿＿。

（3）生产班次：＿＿＿＿＿，周休日＿＿＿＿＿。

3. 用电容量

供电方认定电方用电设备总容量为＿＿＿＿＿＿＿千瓦（具体用电设备清单见附表）。

（二）供电方式

1. 供电方向用电方提供交流50Hz、220/380V电压的电源向用电方供电。

2. 供电方式采用：

（1）供电方从＿＿＿＿线路＿＿＿＿公用变＿＿＿＿号低压杆接线，向用电方供电。

供电容量为_____ kW。

（2）用电方对供电可靠性有较高要求时，备用电源采用：

1）供电方从_____线路_____公用变_____号低压杆接线向用电方供电。供电容量为_____ kW。

2）由用电方自备电源。自备发电机（或不停电电源 UPS）容量为_____ kW。

3. 具体供电接线方式见附图《供电接线及产权分界示意图》。

（三）供电质量

1. 在电力系统正常状况下，供电方按《供电营业规则》规定的电能质量标准向用电方供电。

2. 如用电方用电功率因数达不到 0.85 以上，或用电方谐波注入量、冲击负荷、波动负荷、非对称负荷等产生的干扰与影响超过国家标准时，供电方无义务保证其电能质量。用电方应负责采取措施治理，并依法承担相应责任。

（四）用电计量

1. 供电方根据用电方不同电价类别的用电，分别安装用电计量装置。用电计量装置的产权属供电方。用电计量装置的记录作为向用电方计算电费的依据。

（1）用电计量装置安装在_____处，安装的有功电能表为_____ A，无功电能表为_____ A，电流互感器变比为_____。用于计量_____用电量。

（2）用电计量装置安装在_____处，安装的有功电能表为_____ A，无功电能表为_____ A，电流互感器变比为_____。用于计量_____用电量。

2. 用电方未按电价分类装表计量时，供电方对难以装表计量的_____用电量，约定按每月_____ kWh 计算，或按每月总用电量的____% 计算。随用电构成比例和数量的变化，供电方每年至少对其核定一次，用电方应当予以配合。

（五）电价及电费结算方式

1. 计价依据与方式

（1）供电方按照有管理权的物价主管部门批准的电价和用电计量装置的记录，定期向用电方结算电费及随电量征收的有关费用。在合同有效期内，发生电价和其他收费项目费率调整时，按调价文件规定执行。

（2）用电方用电容量在 100kW 及以上时，按国家规定加装无功电能计量装置，实行功率因数调整电费。功率因数调整电费考核标准为_____。

（3）按国家规定，供电方对用电方执行_____（分时电价）。

2. 电费结算方式

（1）供电方应按规定日期抄表，按期并向用电方收取电费。

（2）用电方应在供电方规定的期限内全额交清电费。交付电费的方式为：

1）用电方每月_____日定期交付。

2）供电方委托_____银行向用电方收取电费。

3）_____。

3. 按国家规定，用电方向供电方存出电费保证金额_____元和电能表保证金额_____元。用电终止时，供电方按规定退还保证金。

4. 用电方不得以任何方式、任何理由拒付电费。用电方对用电计量、电费有异议时，应先交清电费，然后双方协商解决。协商不成时，可请求电力管理部门调解。调解不成时，双方可选择申请仲裁或提起诉讼其中一种方式解决。

（六）供电设施维护管理责任

1. 经供电方、用电方双方协商确认，供电设施运行管理责任分界点设在_____处，_____属于_____。分界点电源侧供电设施属供电方，由供电方负责运行维护管理，分界点负荷侧供电设施属用电方，由用电方负责运行维护管理。

2. 供电方、用电方分管的供电设施，除另有约定者外，未经对方同意，不得操作或更动。如遇紧急情况（当危及电网和用电安全，或可能造成人身伤亡或设备损坏）而必须操作时，事后应在24小时内通知对方。

3. 在供电设施上发生的法律责任以供电设施运行维护管理责任分界点为基准划分。供电方、用电方应做好各自分管的供电设施的运行维护管理工作，并依法承担相应责任。

（七）约定事项

1. 为保证供电、用电的安全，供电方将定期或不定期对用电方的用电情况进行检查，用电方应当予以配合。用电检查人员在执行查电任务时，应向用电方出示《用电检查证》，用电方应派员随同并配合检查。

2. 在用电方受电装置上作业的电工，必须取得电力管理部门颁发的《电工进网作业许可证》，方准上岗作业。

3. 安装在用电方的用电计量装置及电力负荷管理装置由供电方维护管理，由用电方负责保护其完好和正常运行。如有异常，用电方应及时通知供电方处理；如私自迁移、更动和擅自操作的，按《供电营业规则》第一百条第5项处理。

4. 用电方的自备发电机组要保证与电网闭锁。经供电方检查认定的接线方式不得自行变动。用电方不得自行引入（供出）电源。否则，按《供电营业规则》第一百条第6项处理。

（八）违约责任

1. 用电方不按期交清电费的，应承担电费滞纳的违约责任。电费违约金从逾期之日起计算至交纳日止，电费违约金按下列规定计算：

（1）当年欠费部分，每日按欠费总额的2‰计算；

（2）跨年度欠费部分，每日按欠费总额的3‰计算。

经供电方催交，用电方仍未付清电费的，供电方可依法按规定的程序停止供电，并追收所欠电费和电费违约金。

2. 双方商定，除本合同另有约定者外，造成本合同不能履行或不能完全履行的责任，按《供电营业规则》相关条款处理。

（九）争议的解决方式

供电方、用电方因履行本合同发生争议时，应依本合同之原则协商解决。协商不成时，双方共同提请电力管理部门行政调解。调解不成时，双方可选择申请仲裁或提起诉讼其中一种方式解决。

（十）本合同效力及未尽事宜

1. 本合同未尽事宜，按《电力供应与使用条例》、《供电营业规则》等有关法律、规章的规定办理。如遇国家法律、政策调整时，则按规定修改、补充本合同有关条款。

2. 本合同有效期自_____年____月____日起至_____年____月____日止。

3. 供电方、用电方任何一方欲修改、变更、解除合同时，按《供电营业规则》第九十四条办理。在修改、变更、解除合同的书面协议签订前，本合同继续有效。

4. 本合同自供电方、用电方签字，并加盖公章后生效。

5. 本合同正本一式_____份。供电方、用电方各执_____份。效力均等。副本一式_____份，供电方、用电方各执_____份。

6. 本合同附件包括：

（1）_____。

（2）_____。

上述附件为本合同不可分割的组成部分。

供电方：（盖章）   用电方：（盖章）

签约人：（签名　盖章）   签约人：（签名　盖章）

签约时间：___年__月__日   签约时间：___年__月__日

附表 6-2 　　　　　　　　用 电 设 备 清 单

序	设 备 名 称	设 备 规 范				共计（kW）
		相	电压（V）	每台容量（kW）	台数	
1						
2						
3						
4						
5						
6						
7						
8						
9						
10						
11						
12						
13						
14						
合计						

附录7 国家推荐的新型电动机和淘汰的高能耗、落后产品

附表 7-1   国家推荐的新型电动机和淘汰的高能耗、落后产品

序号	节能产品名称	主要技术规格	相对应的老产品	
			型 号 规 格	淘 汰 日 期
1	三相异步电动机 Y 系统	共 11 个机座号，19 个功率等级，0.55～90kW，65 个规格	JO2、JO3 共 9 个机座号，18 个功率等级，0.6～100kW，67 个规格	JO3 自 1984 年 1 月 1 日，JO2 自 1985 年 1 月 1 日起，除少量维修用外，一律停止生产
2	冶金起重电机 YZR、YZ 系列	共 11 个机座号，43 个规格	JZR2、JZ2、JZ、JZR、JZB、JZRB、共 12 个机座号，26 个规格	1986 年 1 月 1 日
3	分马力电机 AO2、BO2、CO2、DO2 系列	共 8 个机座号，7 档中心高，64 个规格	AO、BO、CO、DO、JW、JX、JY、JZ、JLO、2JCL、JE、JLOE、ZLL、OR、JLOX	1985 年 1 月 1 日～1986 年 1 月 1 日
4	隔爆型三相异步电动机 YB 系列	共 11 个机座号，65 个规格	JB3 BJO2	1985 年 1 月 1 日 1986 年 1 月 1 日
5	防护式绕线型三相异步电动机 YR 系列（IP23）	共 37 个规格，功率 4～132kW，B 级绝缘	JR、JR2、JR3，共 59 个规格	1986 年 12 月 30 日
6	封闭式绕线型三相异步电动机 Y 系列（IP44）	共 34 个规格，B 级绝缘	JRO2，共 26 个规格，功率 5.5～75kW	1986 年 12 月 30 日
7	H315 三相异步电动机 Y 系列（IP44）	H315S、H315M1、H315M2、H315M3	过去无此规格	
8	高效率三相异步电动机 YX 系列	共 43 个规格，功率 1.5～90kW，平均较 Y 系列效率高 3%，适用于年运行在 2000h 以上的工况		
9	深井泵用三相异步电动机 YLB 系列	共 6 个机座号，20 个规格，功率 5.5～132kW，B 级绝缘	DM、JLB、JLB2、JTB2、JD 系列	1987 年 12 月 1 日
10	变极多速三相异步电动机 YD 系列（IP44）	共 7 个机座号，65 个规格，功率 0.35～22kW，B 级绝缘，双速、三速、四速共 9 种速比	JDO2 系列，99 规格 JDO3 系列，32 规格	1988 年 12 月 31 日
11	电磁调速电动机 YCT 系列	共 10 个机座号，19 个规格，功率 0.55～90kW，B 级绝缘，H315 及以下机座调速比 10:1	JZT、JZT2、JZTT、JZTS 系列	
12	户外防腐电动机 Y-W、Y-WF 系列 化工防腐电动机 Y-F 系列	IP54，共 83 个规格 IP54，共 83 个规格	JO2-WF 系列 67 个规格 JO2-F 系列 63 个规格	1988 年 12 月 31 日

序号	节能产品名称	主要技术规格	相 对 应 的 老 产 品	
			型 号 规 格	淘 汰 日 期
13	电磁制动三相异步电动机 YEJ 系列	共 95 个机座号，53 个规格，功率0.55～45kW	JZO2 系列，12 个规格，功率 0.6～1.5kW；JZD3-112S-4	1988 年 12 月 31 日
14	傍磁制动三相异步电动机 YEP 系列	共 18 个规格，功率 0.55～11kW	JPZ2 系列	1988 年 12 月 31 日
15	高滑差三相异步电动机 YH 系列（IP44）	共 36 个规格，功率 0.75～18.5kW，S3 工作制	JHO2、JHO3 系列	1988 年 12 月 31 日
16	低振动、低噪声三相异步电动机 YZC 系列（IP44）	共 15 个规格，功率 0.55～18.5kW	OP90S-2/MO1，JJO2，JO2-O，JJ，JJD 四种精密机床用三相异步电动机	1988 年 12 月 31 日
17	木工用三相异步电动机 YM 系列	共 4 个机座号，9 个规格，功率 0.55～7.5kW	JM2、JM3、JDM2 系列	1988 年 1 月 1 日

附录8 YX系列电动机与Y系列效率比较

附表 8-1 YX系列与Y系列电动机的效率比较

同步转速（r/min）	3000				1500				1000			
负载率β（%）	75		50		75		50		75		50	
系　列	Y	YX	Y	YX	Y	YX	Y	YX	Y	YX	Y	YX
功率（kW）	η（%）											
1.5	78.7	—	78.4	—	80.3	—	80	—	77.3	82.8	74.6	82
2.2	82.9	—	82.1	—	81.7	87	80.6	86.5	81	85.8	79.5	84.8
3	82.2	86.8	80.5	86.3	82.5	87.2	80.6	86.6	83.9	87.5	83.4	86.8
4	86.2	88.6	85.5	88	85.2	89	84.5	88.5	85	88.4	84.8	87.6
5.5	86.6	89	86.4	88.2	86.7	90.2	86.7	89.5	86.7	88.8	87.1	88.3
7.5	87.5	90.2	87.7	89.4	88.2	90.7	88.4	90.3	86.9	90.4	86.5	89.6
11	87.3	91.2	85.9	90.4	88.8	92	88.5	91.6	87.7	91.0	87.3	90.2
15	88.1	92.4	86.4	91.6	89.3	92.2	89.1	91.7	89.7	92.2	88.7	91.5
18.5	89.1	92.4	89	91.7	91.4	93.2	90.7	92.8	90.2	92.2	89.5	91.5
22	88.6	92.5	87	92.1	91.9	93.5	91.4	93	90.8	92.5	90.5	91.8
30	89.6	93	87.9	92.7	92.5	93.8	92	93.5	90.8	93.4	90.3	92.8
37	90.4	93.4	89	93	92.2	94.2	91.8	93.7	91.3	93.8	91	93.2
45	91.5	94	90.4	93.5	92.7	94.5	92.3	94	92.4	94	91.9	93.4
55	91.2	94.2	89.7	93.6	92.9	94.8	92.4	94.2	92.6	94.2	92.6	93.6
75	91.2	94.4	89.8	93.7	92.8	95.0	91.9	94.6	—	—	—	—
90	91.9	94.6	90.6	94	93.5	95.2	92.7	94.8	—	—	—	—

附录9 早年生产的交流电动机降低损耗提高效率的修理措施表

附表 9-1 早年生产的交流电动机降低损耗提高效率的修理改造措施表

序号	降低损耗方案	具 体 措 施	带 来 的 问 题	解 决 对 策
1	降低定子铜（铝）损耗	（1）增加裸导体截面积，降低电流密度和直流电阻值 （2）减少每相串联导体数，降低线圈电阻和负载 （3）合理缩短线圈端部长度，减少导线电阻 （4）选用合理的绕组型式，改善磁势波形，降低导线电阻	（1）使槽满率增高，嵌线困难，铜（铝）重增加 （2）导致漏抗减小，铁损增加，起动电流增加，功率因数降低 （3）可能引起嵌线困难 （4）需重新设计和制作绕线模	（1）选用耐温等级高和较薄的新绝缘材料。将竹楔改为 MDB 复合槽楔 （2）通过铁心质量鉴定试验和核算电机各部分磁密值，使减匝的同时，铁损增加的不多（老电机磁密设计偏低） （3）把尺寸偏大的绕线模，经查手册或校核计算，修改绕线模尺寸，使合理化 （4）尤其对于单双层混合绕组，要计算出尺寸正确的绕线模，否则影响线圈的正确尺寸
2	降低转子铜（铝）损耗	（1）笼型铸铝转子修理时，改用铜排会降低转子横向电流损耗和铁损耗，并使电流密度稍有降低 （2）增大绕线型转子裸导体截面积，降低电阻和电流密度 （3）增大笼型转子端环尺寸，降低转子电流密度（特别是两极电机）	（1）使起动转矩降低，增加铜重 （2）会使槽满率和铜重增加，使起动转矩降低 （3）可能增加零件加工费用，并使起动转矩降低	（1）选择铜排尺寸时，要使其高度顶在槽口和槽底，防止导条振动，并能改善起动性能。铜排截面积不应小于槽面积的70% （2）改进槽绝缘结构，选用新的电磁线规格和绝缘材料。对于频繁起动的电动机，电流密度不宜降的太多 （3）要考虑电机结构是否允许，不宜用于频繁起动的电动机上
3	降低铁损	（1）对于铁损偏大的电机，调整铜损与铁损分配比例，增加定子绕组匝数，适当降低气隙磁密值，可以降低电机温升，提高效率 （2）采用磁性槽楔降低铁损，改善电机性能和提高效率 （3）增加铁心长度，降低铁损 （4）拆开铁心绝缘老化的冲片，重新涂漆装配	（1）会使电机铜损和铜重以及槽满率增加 （2）由于定子采用磁楔，漏抗增大，导致起动转矩下降，过载能力降低 （3）由于冲片增加，要考虑具体结构是否允许增加轴向长度 （4）需清洗冲片老化漆膜和具备涂漆装置以及叠铁工具	（1）应通过试验和校核计算确定出铁损和铜损大小，从而决定增加匝数的程度。增匝的同时，要增加导线截面积，为此应考虑解决槽满率增高的问题 （2）适用于连续满载运行的电动机，尤其铁损偏高，轻载起动的电动机效果显著。因此要根据负载性质决定 （3）采用同型号旧电机的冲片，由三台并成二台使用。增加长度前要测绘电机结构尺寸 （4）需制作临时工具和简易设备

序号	降低损耗方案	具体措施	带来的问题	解决对策
4	降低机械损耗	（1）减少风扇外径尺寸或更换同型号机座号小一级的电机风扇，如#9机座电机更换#8机座的风扇 （2）采用效率较高的轴流风扇代替径向风扇 （3）选用优质润滑剂 （4）提高电机装配质量	（1）引起电机温升增加 （2）只适用于单向旋转的电机，需新制风扇和风罩 （3）成本可能稍高，考虑货源是否充足 （4）采用先进装配工艺和正确使用工具、设备	（1）对于大马拉小车的电机，可适当提高温升（在允许范围内）。由于风耗降低，电机效率提高 （2）根据实际负荷大小确定新风扇的风量大小，从而确定新风扇的几何尺寸 （3）根据负载性质和环境选用，建议采用2#锂基脂 （4）需制定先进工艺和正确质量标准，增强检查制度和管理制度
5	降低杂散损耗	（1）选用先进绕组型式，使杂散损耗降低 （2）采用磁性槽楔 （3）适当增加气隙 （4）改极时，正确选择槽配合 （5）鼠笼转子重铸铝时，在转子槽内涂刷绝缘材料	（1）新绕线模设计方法不熟，或不掌握，新嵌线工艺不熟悉 （2）因漏抗增加，降低起动转矩和最大转矩；磁楔因受电磁力作用易出故障 （3）使空载电流增加，功率因数降低 （4）选择不当会引起电机起动性能变坏，电机噪声增大，温升高，效率低 （5）增加操作工时	（1）学习新嵌线工艺及正确计算绕线模的方法 （2）适用于铁损和空载电流偏大的开口槽异步电动机。要根据负载性质决定。同时要采用固定磁楔的新工艺 （3）在下面情况下采用效果较好：①电机扫膛；②空载电流偏小；③表面损耗和脉振损耗偏大；④负载较轻；⑤铁心偏心，无法校正；⑥功率因数较高有裕度 （4）应根据设计资料所介绍的正确槽配合，并参考运行经验正确选择 （5）采用先进涂刷工艺。涂料成分及用量为： 磷酸二氢铝水溶液　　50ml 磷酸二氢锌水溶液　　4.1ml 硅溶液　　20.5ml 硝酸钴　　1.94ml 水　　60ml 混合均匀后，涂在转子槽内，经低温加热干燥后，再进行铸铝

参 考 文 献

[1] 王孔良，李珞新，祝晓红合编. 用电管理. 北京：中国电力出版社，1997.

[2] 扬志荣，劳德容编著. 需求方管理. 北京：中国电力出版社，1999.

[3] 梁汉泉等编写. 电网调度管理. 北京：中国电力出版社，1998.

[4] 孙树勤编著. 电压波动与闪变. 北京：中国电力出版社，1998.

[5] 王明俊等编著. 配电系统自动化及其发展. 北京：中国电力出版社，1998.

[6] 张禄臣主编. 用电工作导读. 北京：中国电力出版社，1999.

[7] 吕振勇. 电力市场营销与供用电合同. 北京：中国电力出版社，2000.

[8] 王抒祥主编. 供电所管理. 北京：中国电力出版社，2000.

[9] 翟世隆编著. 供用电实用技术问答. 北京：中国水利水电出版社，1996.

[10] 金哲主编. 节电技术与节电工程. 北京：中国电力出版社，1999.

[11] 水电部电力生产司组编. 节约用电. 北京：中国水利电力出版社，1993.

[12] 张粉江主编. 国民经济部门用电. 北京：中国电力企业联合会教育培训部，1991.

[13] 杨德源主编. 节约用电问答. 沈阳：辽宁科学技术出版社，1998.

[14] 水电部电力生产司组编. 营业管理. 北京：中国水利电力出版社，1991.

[15] 邢道清，马文主编. 用电检查与装表接电. 北京：机械工业出版社，1998.

[16] 孙成宝主编. 用电营业. 北京：中国电力出版社，1998.

[17] 曾鸣编著. 电力市场理论及应用. 北京：中国电力出版社，1998.

[18] 闵德人，黄兆武编. 装表电工应读. 北京：中国电力出版社，1997.